U0631515

高校植物景观类课程教学改革研究及实践

余婷 ◎ 著

江苏人民出版社

图书在版编目（CIP）数据

高校植物景观类课程教学改革研究及实践 / 余婷著.
南京：江苏人民出版社，2024. 9. -- ISBN 978-7-214
-29561-3

Ⅰ. TU986.2

中国国家版本馆 CIP 数据核字第 2024FM9132 号

书　　　名	高校植物景观类课程教学改革研究及实践
著　　　者	余　婷
责 任 编 辑	郝　鹏
装 帧 设 计	瑞天书刊
责 任 监 制	王　娟
出 版 发 行	江苏人民出版社
地　　　址	南京市湖南路1号A楼，邮编：210009
照　　　排	济南文达印务有限公司
印　　　刷	济南文达印务有限公司
开　　　本	710毫米×1000毫米　　1/16
印　　　张	14.25
字　　　数	220千字
版　　　次	2025年1月第1版
印　　　次	2025年1月第1次印刷
标 准 书 号	ISBN 978-7-214-29561-3
定　　　价	59.00元

（江苏人民出版社图书凡印装错误可向承印厂调换）

前　言

以协调人与自然之间的关系为宗旨，保护和恢复自然环境，营造健康优美人居环境的风景园林学作为一门古老而年轻的应用型学科，在倡导生态文明建设与绿色发展的当下，成为解决生态、绿色和可持续发展问题的有力工具。而植物景观类课程作为风景园林本科专业核心课程，植物景观应用能力作为风景园林专业培养目标之一，风景园林植物与应用领域作为风景园林专业研究生的重要研究方向，因此，景观类课程教学研究对于推动风景园林学科的发展、提升学生专业素养、培养创新型人才、促进植物景观行业的可持续发展以及加强跨学科交流与合作等方面都具有重要意义。

笔者长期在西南地方高校——六盘水师范学院风景园林专业任教，在植物景观类课程教学过程中，不断学习高等教育政策文件，更新教育教学理念，结合西南地域植物景观特点，持续进行教学改革，因此本书作为笔者长期进行的植物景观类课程教学改革研究成果著作，在对西南山地环境、山地植物景观特征、风景园林专业园林植物类课程教学研究动态等进行阐述的基础上，重点对笔者主持的、以《园林植物学》《园林植物应用》两门风景园林专业植物景观类课程为对象的教学内容改革、课程考核方式改革、课程思政改革、应用型课程建设改革研究项目内容和成果进行论述和展示，可以为高校从事植物景观类课程教学的同行提供教学改革经验借鉴。同时本书受到了六盘水师范学院学术出版资助以及多个教学研究项目经费支持，其中包括：六盘水师范学院 2023 年校级一流本科课程培育项目——《园林植物学》，课题编号：2023-03-019；六盘水师范学院第一批应用型课程建设项目——《园林植物应用》，课题编号：2024-26-21；六盘水师范学院 2024 年课程思政示范课程——《园林植物学》，课题编号：2024-06-004。

目 录

第一章　引言

　　我国西南地区地处亚洲大陆东南部，以其复杂多变的地形地貌和丰富的自然资源而闻名，尤其是其山地环境，更是蕴含着丰富多样的生物和独特的自然景观。因此，对西南地区山地环境以及区域特色植物资源的了解与研究，对于我们深入了解这片土地的自然风貌和生态环境至关重要，同时也为地处西南地区的地方高校园林类专业提供了丰富的教学资料和素材。

第一节　我国西南山地环境概述

　　西南地区是我国重要的地理区域，位于东经90° 30'～112° 04'和北纬20° 24'～34° 20'之间，包括川、滇、黔、桂、渝5个省、区、市和西藏自治区的东南部分，面积137万 km²，约占全国的1/7。这里地形复杂多样，包括高山、峡谷、盆地、平原等多种地貌类型，以山地为主要地貌特征。这些地形地貌的形成，既受到地质构造的影响，也与气候、水文等自然因素密切相关。西南山地主要包括横断山脉、秦岭山脉、大雪山等，地势起伏较大，海拔较大部分地区高。这里的气候类型多样，以亚热带季风气候为主，但由于地形差异大，山地气候特征显著，垂直气候分带明显。在这里，从热带到温带，再到寒带，都有其独特的气候表现，受季风气候的影响，这里夏季雨水充沛，冬季相对干燥。在土壤类型上，西南地区为森林土壤，由北至南依次出现黄褐土、黄棕壤、黄壤、红壤、石灰土等。

同时，西南地区由于地形复杂，垂直气候差异显著，使得这一地区的生态环境具有高度的多样性和复杂性。西南山地地区地处我国重要江河上游的源头，如长江、金沙江、澜沧江等，是中国重要的水源涵养区之一。西南山地拥有丰富的自然资源，包括水能、矿产、森林等，同时具有许多珍稀植物和动物物种，是我国生物多样性最为丰富的地区之一。由于地形复杂，西南山地地区的生态系统保持完整性较高，生态环境相对较为原始。因此，保护西南山地的生态环境对于整个中国乃至全球生态系统的平衡具有重要意义。此外，西南山地还是我国多民族聚居区，文化特色鲜明，人文景观丰富。

第二节　我国西南山地植物景观特征

我国地大物博，气候和地形类型丰富，因此拥有丰富多彩的植物资源，仅种子植物就超过25000种，其中乔灌木种类8000多种。很多著名的园林植物以我国为分布中心，是公认的"花卉王国""花园之母""世界园林之母"，为世界园林的发展奠定了重要基础。从16世纪葡萄牙人开始从我国引种植物资源开始，西方各国以各种方式进入中国各地进行植物资源的采集。表1.1展示了英、法、俄、美四国在1839年~1938年将近一百年间来华引种植物的代表人物和引种的植物种类。

表 1.1　西方国家从我国引种植物代表人物、时间及种类

国家	引种人物	引种时间 来华次数 引种地	引种植物
英国	罗伯特·福琼	1839–1860 （4次） 北京、香港	秋牡丹、桔梗、金钟花、枸骨、石岩杜鹃、柏木、阔叶十大功劳、榆叶梅、咚树、溲疏、12～13种牡丹栽培品种、2种小菊变种和云锦杜鹃。
	亨利·威尔逊	1899–1918 （5次） 鄂西北、滇西南、长江南北、峨眉山、成都平原、川西北、甘肃、鄂西、华山、湖北、台湾	巴山冷杉、血皮槭、猕猴桃、大卫落新妇、绛花醉鱼草、小木通、藤绣球、铁线莲、矮生栒子、木帚栒子、珙桐、双盾、山玉兰、湖北海棠、金老梅、喇叭杜鹃、粉红杜鹃、红果树、皱皮荚蒾、湖北小檗、金花小檗、川西报春、维氏报春、带叶报春、大苞大黄、美容杜鹃、隐蕊杜鹃、黄花杜鹃、苏氏杜鹃、华西蔷薇、西南荚蒾、萨氏小檗、驳骨丹、连香树、四照花、散生栒子、柳叶栒子、湖北臭檀、绿柄白鹃梅、萨氏绣球、毛肋杜鹃、圆叶杜鹃、卵果蔷薇、膀胱果、巴东荚蒾、王百合、高原卷丹、威茉百合、云杉、秃杉、台湾百合、五爪金龙和台湾马醉木。
	乔治·福礼士	1904–1930 （7次）	穗花报春、齿叶灯台报春、紫鹃报春、紫花报春、垂花报春、橘红灯台报春、小报春、指状报春、偏花报春、霞红灯台报春、玉亭报春、报春花、两色杜鹃、云锦杜鹃、腋花杜鹃、早花杜鹃、鳞腺杜鹃、绵毛杜鹃、似血杜鹃、杂色杜鹃、大树杜鹃、夺目杜鹃、绢毛杜鹃、高山杜鹃、黑红杜鹃、假乳黄杜鹃、镰果杜鹃、朱红大杜鹃、粉紫杜鹃、乳黄杜鹃、柔毛杜鹃、火红杜鹃及华丽龙胆等。

国家	引种人物	引种时间 来华次数 引种地	引种植物
	雷·法雷尔	兰州南部、西宁、大同	杯花韭、五脉绿绒蒿、圆锥根老鹳草、线叶龙胆及台湾轮叶龙胆等。
	法·金·瓦特	1911-1938 （15次） 大理、思茅、丽江、西藏	滇藏械、白毛枸子、棠叶山绿绒蒿、高山报春、缅甸报春花、中甸报春、美被杜鹃、金黄杜鹃、文雅杜鹃、羊毛杜鹃、大苞杜鹃、紫玉盘杜鹃、假单花杜鹃、灰被杜鹃、黄杯杜鹃及毛柱杜鹃等。
法国	大卫	1860年 北京、重庆、成都	柳叶枸子、红果树、西南莢蒾、美容杜鹃、腺果杜鹃、大白杜鹃、茂汶杜鹃、刺毛杜鹃、宝兴掌叶报春、高原卷丹
	德拉维	1867 大理、丽江	紫牡丹、山玉兰、棠叶山绿绒蒿、二色溲疏、山桂花、偏翅唐松草、萝卜根老鹳草、睫毛尊杜鹃、露珠杜鹃、小报春、垂花报春、海仙报春等
	法尔格斯	1892-1903 四川	喇叭杜鹃、粉红杜鹃、四川杜鹃、山羊角树、云南大王百合、大花鸡肉参、猫儿屎
	苏利	1886 西藏	苏氏杜鹃、缺裂报春、苏氏豹子花等
俄国	波尔兹瓦斯基	1870-1873 我国西北	五脉绿绒蒿、甘青老鹳草、银红金银花、唐古特瑞香、蓝葱等
	马克西莫维兹	峨眉山	桦叶莢蒾、红杉、台湾轮叶龙胆、箭竹等
美国	迈尔	1905-1918 （4次）	丝绵木、狗枣猕猴桃、黄刺玫、茶条槭、毛樱桃、七叶树、木绣球、红丁香、翠柏等
	洛克	西藏	白杆、木里杜鹃等

数据来源：苏雪痕.植物景观规划设计[M].北京：中国林业出版社，2012:11-14.

从表中可以看出，西南地区成为 19 世纪中叶到 20 世纪初西方植物采集家的重要目的地，原产于西南地区的小檗、报春、杜鹃类植物经过引种，成为装点西方植物园、花园的重要材料。威尔逊在 1929 年写的《中国——花园之母》的序言中说："中国确是花园之母，因为我们所有的花园都深深受惠于她所提供的优秀植物，从早春开花的连翘、玉兰；夏季的牡丹、蔷薇；到秋天的菊花，显然都是中国贡献给世界园林的珍贵资源。"而在其中，我国西南山地地区的植物资源所作出贡献不言而喻。

西南地区气候条件适宜，植被丰富，是中国亚热带最大的常绿落叶阔叶林区，地带性植被为落叶阔叶混交林与常绿阔叶混交林。植物多样性高，随着季节的变化，植物景观也呈现出春花烂漫、夏树丰茂、秋叶斑斓、冬枝凋敝的不同季相特征，因此形成了丰富多样的植物景观资源。此外，由于山地海拔差异大，地形复杂，形成了许多"小气候区"，出现垂直气候带，植被的垂直分布非常明显，不同海拔区域呈现出不同的植物群落景观。

由于第四纪冰川活动对西南山区影响小，该地区成为冰川时期植物的"避难所"，保存了大量的古老子遗植物；加之西南地区群山起伏，河谷纵横交错，地形变化多端，自然条件复杂，形成许多的小地貌区和小气候区，使得该地区野生植物资源极其丰富。西南地区是我国植物三个特有现象分布中心之一，该区不仅与东亚、华东、华南以及三北地区具有相同和相似的植物种类，而且还与欧洲、美洲、非洲和大洋洲具有相同或相似的植物种类，是我国乃至世界上植物资源多样性最为丰富和典型的地区之一。西南地区野生植物资源种类丰富，起源古老，特有属种多，区系成分复杂，该地区仅种子植物就有 2 万余种，约占全国总数的 2/3，见表 1.2 和表 1.3。

表 1.2 西南地区滇黔桂维管植物统计表

省区	科	属	种
云南	300	2070	17000
四川（四川植被协作组，1980）	232*	1621	9254
广西（广西林业厅主编，1993）	284	1700	8000
贵州（黄威廉，1993）	250	1543	5593

*可能科的概念所采用的系统不一。

数据来源：孙永玉，李昆.西南地区野生植物资源保护和利用状况[C]//全国林业学术大会.中国林学会，2005.

表 1.3 西南地区高等植物种属统计

类别	总属数	占全国总属数（%）	总种数	占全国总种数（%）
全国	4180	100	30000	100
云南	2600	62.2	13300	44.3
四川	1521	36.4	8790	29.3
贵州	1276	30.5	4761	15.9
广西	1717	41.1	8354	27.8

数据来源：孙永玉，李昆.西南地区野生植物资源保护和利用状况[C]//全国林业学术大会.中国林学会，2005.

总体来说，西南山地的植物景观有着极其显著特征，包括：

（1）物种多样性：西南山地由于地形复杂、气候多样，拥有丰富的植物物种。从低海拔到高海拔，可以看到不同类型的植被，包括针叶林、阔叶林、灌木丛和高山草甸等，形成多层次的植被结构。

（2）珍稀植物：西南山地是许多珍稀植物的栖息地，其中一些植物甚至是特有物种。一些濒危植物如川陕黄连、云南黄连等在这里得到保护和研究。

（3）植被景观变化：西南地区山地环境复杂多样，为各种植物提供了良好的生长条件。随着海拔的变化，植被景观也呈现出多样性。从茂密的森林到高山草甸，每一种植被类型都有其独特的景观特点，形成了壮观的自然风景。从低海拔到高海拔，植物种类和群落结构都呈现出明显的垂直分布特征。

（4）生态系统功能：西南山地的植物景观对维持当地生态系统的平衡和稳定起着重要作用。这些植被通过保持水土、净化空气、保护土壤等功能，为周围的生物提供了生存条件。

西南地区山地植物景观特点鲜明，既有壮观的原始森林，也有秀丽的次生林；既有独特的珍稀植物，也有丰富的药用植物资源。这些植物景观不仅具有极高的观赏价值，也为当地的生物多样性保护和生态修复提供了重要的物质基础。总的来说，西南山地的植物景观以其多样性、独特性和生态功能而闻名，吸引着众多自然爱好者和科研人员前来探索和研究。

第二章　风景园林专业植物景观类课程教学研究动态

　　作为风景园林专业的核心课程类型，植物景观类课程在风景园林专业人才培养体系中占据重要地位。设置有风景园林专业的高校因地域、办学条件、学校等级等的不同，植物景观类课程名称也有所区别。结合六盘水师范学院的办学方向和该校风景园林专业人才培养目标，植物景观类课程主要设置有《园林植物学》和《园林植物应用》两门课程。因此在研究风景园林专业植物景观课程教学研究动态时，主要分为园林植物学类和植物景观设计类两类课程进行研究。在 CNKI 数据库中以"树木学""花卉学""园林植物学""观赏植物学""景观植物学"和"园林植物应用""植物景观设计""植物造景""园林植物设计""种植设计"两组主题词对 1992～2024 年发表的中文期刊论文进行检索，然后从 CNKI 数据库中对涉及教学改革类的文献进行样本提取，然后利用 Citespace 软件对样本数据进行可视化分析，直观、清晰地展示园林植物学类和植物景观设计类课程的教学研究动态。

第一节　风景园林专业植物景观类课程概述

风景园林学是综合运用科学与艺术的手段，研究、规划、设计、管理自然和建成环境的应用型学科，以协调人与自然之间的关系为宗旨，保护和恢复自然环境，营造健康优美人居环境。风景园林学研究的主要内容有：风景园林历史与理论、园林与景观设计、地景规划与生态修复、风景园林遗产保护、风景园林植物应用、风景园林技术科学等。作为一门现代学科，风景园林学可追溯至 19 世纪末、20 世纪初，是在古典造园、风景造园基础上建立起来的新生学科，目前全国近 270 所大学设置该类专业。中国风景园林的历史源远流长，有近四千年历史，现代风景园林学科在中国也有 60 多年的发展历程。

在《普通高等学校本科专业目录（2012 年）》中，风景园林与城乡规划、建筑学、城市设计等其他 6 个专业同属于工学中的建筑类专业，是综合利用科学与艺术手段营造人类美好的室外生活境域的一个行业和一门学科。由教育部高等教育司组织高等学校教学指导委员会制定的《普通高等学校本科专业类教学质量国家标准（2018 年）》中明确规定，风景园林本科专业需要掌握风景园林规划与设计、风景园林建筑设计、风景园林植物应用和风景园林工程与管理的基本理论和方法。标准中还指出风景园林专业需要掌握的专业知识包括风景园林历史与理论、美学基础与设计表达、园林与景观设计、地景规划与生态修复、风景园林遗产保护与管理、风景园林建筑设计、风景园林植物、风景园林工程与管理八个方面。标准中对风景园林专业人才培养也做出了要求：风景园林专业培养从事风景园林领域规划与设计、工程技术与建设管理、园林植物应用、资源与遗产保护等方面的专门人才。具体来说，从庭园、公园设计、城市道路绿化设计、园林建筑设计到微观设计；从园林花木育种养护到整个城市园林绿地系统工程的规划和建设；从宏观的土地利用、自然资源管理到区域发展研究、生态保护和修复都是风景园林关注的范畴。

高校风景园林专业课程主要包括科学、艺术、设计三大部分，即花卉学、树木学、树木栽培养护等自然科学基础的课程；美术、素描色彩基础等艺术课程；风景园林规划设计、建筑设计等设计类课程，根据各校偏重的方向，课程设置有所差异。各开设有风景园林本科专业的院校因培养方向、培养过程、培养目标的不同，开设的课程体系也有较大区别。作为行业领军院校，清华大学风景园林专业聚焦于培养具备全面素质的高级专门人才，课程设置中包含如素描、色彩、中外园林史等专业基础课程，专业核心课程则包括园林植物学、景观生态学、园林规划设计等。北方工业大学风景园林专业的课程设置，除公共基础必修课外，可分为三大类，包括理论课程、设计课程和实践课程。其中理论课程包括风景园林设计原理、中外园林史、园林工程、园林植物等；设计课程主要由贯穿四个年级的风景园林规划设计课程组成；实践课程是专业学习的强化，包括国外院校联合设计，各类风景园林综合实习等。四川大学风景园林专业课程体系中，核心课程包含了外国园林史、中国园林史、园林植物学、生态学概论、园林植物配置与设计、景观规划设计1-4。地方类院校中，如位于西南地区的铜仁学院风景园林专业的核心课程包括风景园林建筑设计、园林生态学、风景园林设计、建筑初步、城市景观规划设计、园林植物基础、风景园林工程、中外城市建设史、城市规划与设计原理等。

2022年9月国务院学位委员会、教育部印发了《研究生教育学科专业目录（2022年）》，新版目录中将原有的一级学科和专业学位统一按门类进行归置，将原隶属工学门类的"风景园林学（0834）"一级学科和"风景园林（0953）"调整为隶属工学门类的"风景园林"（0862），这标志着风景园林研究生教育全面转为专业学位类型，专业学位人才培养则由原来的硕士层次上升到博士层次。风景园林专业学位发展遵循我国专业学位教育发展规律与规划，围绕服务生态文明、美丽中国建设，以支撑城乡建设绿色发展、乡村振兴、国家公园与自然保护地、中华优秀传统文化传承创新等为导向，以系统化的风景园林专业知识体系服务于城乡人居环境和国土自然资源保护利用等行业发展的全过程。风景园林专业学位教育主要集中在风景园林规划与设计、风景园林工程与技术、风景园林植物与应用、国土景观保护与生态修复、风景园林历史与理论、风景园林经营与管理等六个领域。风景园林植物与应用领域作为风景园林专业研究生的重要研究方向，主要从事园林植物种质资源评价、育种繁殖与栽培养护、园林植物生态、园林植物应用研究等工作。具体包括园林植物资源引种驯化、保护与新品种选育，园林植物造景、古树名木与传统花卉保护，园林植物生态评价、园艺康养疗愈环境营造组织、小气候调控和气候变化响应、植物与生物多样性保育等。

由此可见，风景园林专业从本科专业的课程设置、培养目标要求、就业单位、就业岗位以及风景园林专业研究生培养方向等方面均可看出，植物景观类课程在风景园林专业人才培养体系中占据着重要地位，其课程教学效果直接影响专业人才的培养质量，因此对风景园林专业的植物景观类课程教学进行研究具有多方面的意义：

（1）推动风景园林学科发展：作为风景园林学科的核心课程、重要研究方向、就业方向，通过对植物景观类课程的教学研究，可以深化对植物景观学科的理解，探索更为科学、系统的教学方法和内容，从而推动风景园林学科的不断发展与完善。

（2）提升学生专业素养：植物景观类课程不仅是风景园林专业，也是园林、环境艺术设计、城市规划等相关专业的重要基础课程。通过教学研究，可以优化课程设置，提高教学质量，帮助学生更好地掌握植物景观设计的理论知识与实践技能，提升其专业素养和综合能力。

（3）培养创新型人才：在植物景观类课程教学中，注重培养学生的创新思维和实践能力，有助于培养出更多具有创新精神和创造力的专业人才。这对于推动风景园林植物应用、风景园林专业领域的创新与发展具有重要意义。

（4）促进植物景观行业的可持续发展：随着城市化进程的加快和人们对

生态环境质量的日益关注，景观行业面临着巨大的发展机遇。通过教学研究，可以培养出更多具备专业素养和创新能力的植物景观设计师，为行业的可持续发展提供有力的人才保障。

（5）加强跨学科交流与合作：植物景观类课程涉及生物学、生态学、美学、艺术设计等多个学科领域。通过教学研究，可以促进不同学科之间的交流与融合，推动跨学科合作与创新，为植物景观设计的多元化发展提供更多可能性。

综上所述，植物景观类课程教学研究对于推动风景园林学科的发展、提升学生专业素养、培养创新型人才、促进植物景观行业的可持续发展以及加强跨学科交流与合作等方面都具有重要意义。

第二节　园林植物学类课程教学研究动态

作为六盘水师范学院风景园林专业唯一的园林植物学类课程，《园林植物学》因各高校办学方向的不同，课程名称有所区别，但是教学内容和教学方法上有许多共同点，进行的教学改革思路也可供互相借鉴和参考。因此，关于园林植物学类课程教学的研究主题词条定为以"树木学""花卉学""园林植物学""观赏植物学""景观植物学"为主，在 CNKI 数据库中提取了1992 年~2024 年间在教学改革方面的中文期刊论文文献样本 457 个，然后采用 Citespace 软件对样本进行了关键词共现、关键词频数、关键词聚类、突现分析等方面的分析。

一、关键词共现图谱和频数分析

本次研究共采集符合要求的样本数量 457 个，园林植物学类课程教学研究关键词共现图谱见图2.1。

图2.1　园林植物学类教学研究关键词共现分析
（资料来源：作者自绘）

　　从图谱可看出，1992年～2024年间发表的有关园林植物学类教学研究中，"花卉学""教学改革""实践教学""园林树木""教学方法"是关键词共现网络中连接度最大的节点。由于中心度反映关键词在整个文献网络中的核心地位，一般中心度在0.1以上具有较强的代表性，因此本研究选取了中心度在0.1以上的关键词共18个，按照中心度数值对18个高频关键词进行排序，见表2.1。从表中可以看出"花卉学""实践教学""教学改革""教学模式""树木学""教学方法"成为中心度较高的关键词，对比关键词频次数据发现，"花卉学""实践教学""教学改革"成为中心度和频次兼顾的关键词，表明它们出现的频率最高，与其他关键词有着密切的联系，并且园林植物学类课程教学研究中非常重视对学生实践能力的提升，以及对教学改革的思考。同时"课程思政"作为近年教学研究热点，但是在关键词共现图谱和频数分析中基本没有出现，导致这一现象的原因可能是课程思政在2016年以后提出的，相关研究还处于爆发期，因此在本次文献统计中样本数据还不够多，是今后园林植物学类课程教学研究的热点方向。

表 2.1　园林植物学类课程教学研究相关高频主题词中心度及频次排列

（资料来源：作者自绘）

序号	关键词	频次	中心度	序号	关键词	频次	中心度
1	花卉学	89	0.43	10	课程教学	10	0.14
2	实践教学	80	0.39	11	改革对策	6	0.14
3	教学改革	143	0.26	12	园林树木	7	0.12
4	教学模式	21	0.25	13	实践	14	0.11
5	树木学	34	0.23	14	探索	7	0.11
6	教学方法	32	0.23	15	双语教学	2	0.11
7	教学手段	6	0.18	16	园林植物	13	0.10
8	园林专业	24	0.15	17	高职	6	0.10
9	园林	11	0.15	18	林学专业	5	0.10

二、关键词聚类及时间线分析

关键词聚类图谱是在共现图谱的基础上，采用对 LLR 法，对聚类视图中的各个聚类之间的结构特征、关键节点及关联度等进行分析，并以其高频词汇来体现当前研究的热点及各个时期的动态变化。在关键词聚类分析图谱中，聚类模块值 Q 和平均轮廓值 S 是两个重点指标，前者表示聚类网络社区结构的显著性，一般 Q > 0.3 表明聚类结构具有显著性；后者则是衡量网络同质性的指标，一般 S > 0.5 表明聚类结果合理性强、可信度高。本研究中 Q=0.8013，S=0.9417，说明园林植物学类课程教学研究关键词聚类显著性高、合理性强、可信度高。

本研究的关键词聚类图谱见图 2.2。从图谱中可看出，聚类网络结果显示共得到 13 个聚类模块，#12 聚类模块为思政元素，由于思政教学研究时间较短，与其他要素还没有形成明显的聚类关系。在 13 个聚类模块中，可以大致分为两类，一类为园林植物学类教学改革研究的具体内容，包括#0 实践教学、#1 翻转课堂、#2 教学改革、#5 教学方法、#6 教学方式、#10 实践能力、#11 教学设计、#13 思政元素，另外则为园林植物学类教学改革研究的背景，包括#3 树木学、#4 网络、#7 园林专业、#8 园林树木、#9 园林植物。并且从聚类中还可看出，翻转课堂是众多研究者认可的培养学生实践能力的重要方法，要进行实践教学的改革，必须对教学方式进行同步改革。

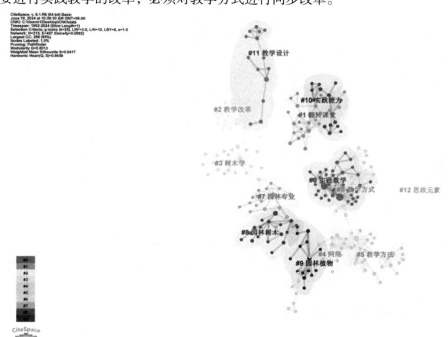

图 2.2　园林植物学类教学研究关键词聚类图谱
（资料来源：作者自绘）

　　本研究的关键词聚类时间线见图 2.3。从图中可以看出，在 2000 年以前，园林植物学类教学研究着重关注"课程教学"，2002 年以后开始"教学改革"研究，并且这一时期开始重视"实践教学"研究的是"花卉学"课程，2006年前后"教学方法"和"教学模式"的研究开始兴起。13 个聚类中，"思政元素"对比其他聚类要素，是近几年才兴起的热点，是值得深入研究的重要方向。除此之外，对"园林专业"的探讨以及"翻转课堂""教学方式""教学设计"的研究也是近几年的重点方向。

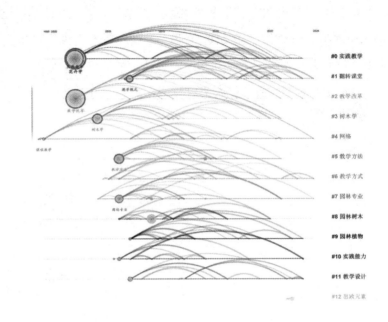

图 2.3　园林植物学类教学研究关键词聚类时间线

（资料来源：作者自绘）

三、关键词突现分析

本研究以关键词的重要程度为依据，对其进行排序，经过筛选获得 11 个突现词，如图 2.4 所示。从图可以看出，园林植物学类教学研究在 2009 年以前，主要关注课程自身建设以及对教学方法和实践教学的探索，从 2009 年"教学改革"开始突现，园林植物学类课程就开始关注教学内容改革、翻转课堂教学方法的引入、新农科研究、课程思政教学探索以及教学设计研究，说明课程改革的方向已经从关注课程本身转向关注对学生素质的培养。

四、小结

通过采用 Citespace 软件对 1992 年～2024 年间发表的有关园林植物学类教学研究中 457 条样本文献的可视化分析，从结果可以看出植物学类课程教学研究比较多、关联程度高的是"花卉学"，因此研究其他植物学类课程的教学改革时，可以结合"花卉学"教学改革思路和研究成果进行开展。园林植物学类教学研究在前期更多关注课程自身的建设，如教学方法、实践教学等，随着社会对具备创新能力和实践能力人才的需求加大，高校开始推行教学改革后，园林植物学类教学研究开始重点进行教学内容改革，新的教学方法如翻转课堂、雨课堂等的引入，课程思政的改革，并且关注教学设计的重要性，可以看出园林植物学类教学研究由以课程为主要对象逐渐转向以学生为中心的教学活动为对象，这对提高教学效果和教学质量有更加重要的意义，也为开设有园林植物学类课程的专业和高校提供教学改革的热点方向。

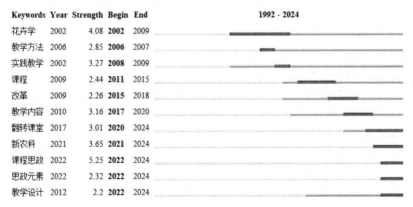

图 2.4　园林植物学类教学研究关键词突现分析

（资料来源：作者自绘）

第三节 植物景观设计类课程教学研究动态

作为六盘水师范学院风景园林专业唯一的植物景观设计类课程——《园林植物应用》因各不同高校以及与园林相关的专业人才培养方案的不同，与其在教学内容上相关度比较高的课程名称是"园林植物应用""植物景观设计""植物造景""园林植物设计""种植设计"，因此本研究也将其作为数据提取的主题词条。在 CNKI 数据库中提取了 2007 年～2024 年间在教学改革方面的中文期刊论文文献样本 331 个，然后采用 Citespace 软件对样本进行了关键词共现、关键词频数、关键词聚类、突现分析等方面的分析。

一、关键词共现图谱和频数分析

本次研究采集符合要求的论文样本数量 331 个，植物景观设计类课程教学研究关键词共现图谱见图 2.5。从图谱可看出，2007 年～2024 年间发表的有关植物景观设计类教学研究中，"植物造景""教学改革""园林植物""风景园林""教学"是关键词共现网络中连接度最大的节点。本研究选取了中心度在 0.1 以上的关键词共 16 个，按照中心度数值对 16 个高频关键词进行排序，见表 2.2。从表中可以看出"植物造景""风景园林""景观设计""园林""教学"成为中心度较高的关键词。对比关键词频次数据发现，"植物造景""风景园林"成为中心度和频次兼顾的关键词，表明它们出现的频率最高，与其他关键词有着密切的联系，植物景观设计类课程研究中针对风景园林专业的成果较多，并且植物造景是该专业重要的能力培养方向。与园林植物学类课程研究一样，"课程思政"作为近年研究热点，在关键词共现图谱和频数分析中基本没有出现，因此"课程思政"也是今后植物景观设计类课程教学研究的热点方向。

二、关键词聚类及时间线分析

关键词聚类图谱内涵和方法前文已经说明，此处不作赘述。本研究中 Q=0.8092，S=0.9459，说明植物景观设计类课程教学研究关键词聚类显著性高、合理性强、可信度高。

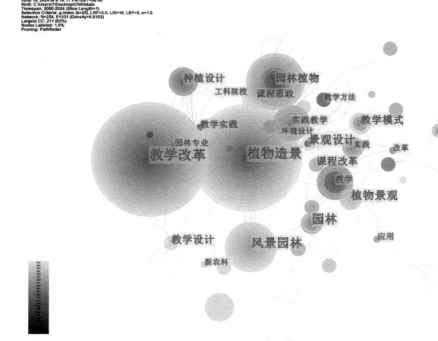

图 2.5　植物景观设计类教学研究关键词共现分析

（资料来源：作者自绘）

表 2.2　植物景观设计类课程教学研究相关高频主题词中心度及频次排列

（资料来源：作者自绘）

序号	关键词	频次	中心度	序号	关键词	频次	中心度
1	植物造景	60	0.50	9	教学实践	13	0.17
2	风景园林	32	0.37	10	植物景观	10	0.15
3	景观设计	10	0.31	11	园林专业	10	0.14

序号	关键词	频次	中心度	序号	关键词	频次	中心度
4	园林	16	0.28	12	实践教学	22	0.11
5	教学	13	0.19	13	园林植物	26	0.11
6	课程改革	11	0.18	14	微课	3	0.10
7	种植设计	14	0.18	15	应用	7	0.10
8	教学设计	13	0.17	16	实践	12	0.10

本研究的关键词聚类图谱见图 2.6。从图谱中可看出，聚类网络结果显示共得到 15 个聚类模块。在 15 个聚类模块中，可以大致分为三类，一类为园林植物学设计类教学改革研究的具体内容，包括#0 教学改革、#1 课程改革、#4 教学设计、#7 教学模式、#8 教学实践、#12 实践教学、#11 教学方法；第二类为园林植物设计类教学改革研究的背景，包括#2 植物造景、#3 园林、#5 风景园林、#6 植物景观、#9 园林植物、#13 种植设计；第三类为园林植物设计内容，包括#10 功能分区、#14 课程设计。并且从聚类中可以看出，植物景观设计类教学研究聚类模块之间关联度和重叠率很高，说明该类课程的教学研究综合性较强。

图 2.6　植物景观设计类教学研究关键词共现分析

（资料来源：作者自绘）

本研究的关键词聚类时间线见图 2.7。从图上可以看出，从 2007 年开始，植物景观设计类教学研究开始教学改革和教学实践方面的探索，到 2011 年，风景园林专业的植物景观设计类教学研究得到重视，教学设计、实践教学研究也开始大量出现，而 2023 年前后，"虚拟仿真""产教融合""生态文明""智慧教学""学科交叉""课程思政""以赛促教"等关键词开始高频出现，成为指导植物景观设计类教学研究的热点方向。

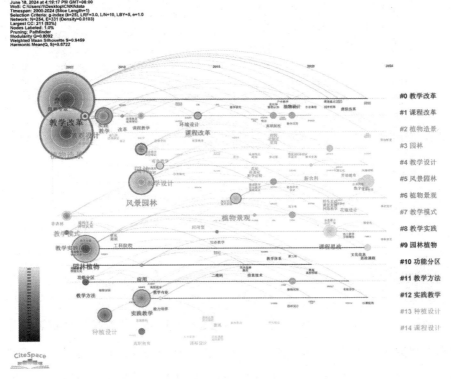

图 2.7　植物景观设计类教学研究关键词聚类时间线

（资料来源：作者自绘）

三、关键词突现分析

本研究以关键词的重要程度为依据，对其进行排序，经过筛选获得 12 个突现词，如图 2.8 所示。从图可以看出，植物景观设计类教学研究在 2011 年以前，主要以课程和教学方法研究为主，2011 年开始，高职类院校的植物景观设计类教学研究文献开始增长，2020 年前后，风景园林专业的植物景观设计类教学研究开始增多，课程改革、课程思政和教学设计方面的研究也开始突增。

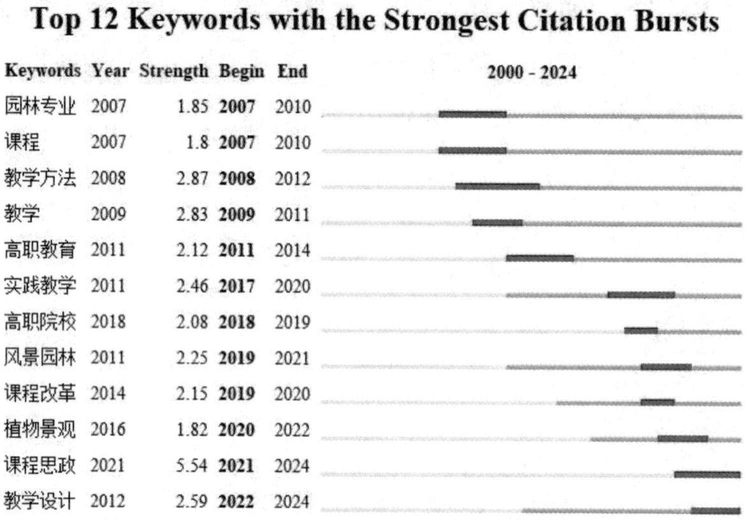

Top 12 Keywords with the Strongest Citation Bursts

Keywords	Year	Strength	Begin	End	2000 - 2024
园林专业	2007	1.85	2007	2010	
课程	2007	1.8	2007	2010	
教学方法	2008	2.87	2008	2012	
教学	2009	2.83	2009	2011	
高职教育	2011	2.12	2011	2014	
实践教学	2011	2.46	2017	2020	
高职院校	2018	2.08	2018	2019	
风景园林	2011	2.25	2019	2021	
课程改革	2014	2.15	2019	2020	
植物景观	2016	1.82	2020	2022	
课程思政	2021	5.54	2021	2024	
教学设计	2012	2.59	2022	2024	

图 2.8　植物景观设计类教学研究关键词突现分析
（资料来源：作者自绘）

四、小结

通过采用 Citespace 软件对 2007 年～2024 年间发表的有关植物景观设计类教学研究中 331 条样本文献的可视化分析，从结果可以看出植物设计类课程作为已经学习了基础的植物学知识后的应用课程，其教学研究更多关注实践教学以及教学方法、教学模式等方面的改革。并且从关键词的突变分析可以看出，该类课程近几年的研究与国家战略——如生态文明建设，与现代教学改革前沿方向——如智慧教学、虚拟仿真、学科交叉融合、课程思政教育、信息化教学等结合非常紧密。可以看出植物景观设计类教学研究重点应该以应用实践为主体，要与国家重大战略背景紧密结合，充分发挥本课程在生态环境改善、生物多样性保护、美化环境、传承文化等方面的重要意义。

第三章 地方高校植物景观类课程概况

笔者在某西南地方高校从事风景专业教学近十年，主要进行植物景观方向的教学和研究工作。在多年的教学工作中，笔者不断研究教学对象特点，吸收新的教学理念、教学方法、教学手段，对自己所长期承担的植物景观类课程教学工作进行改革探索，形成了一定的方法、经验和成果，在此进行分享和讨论，以期为同行学者提供经验交流，共同为地方高校风景园林专业建设提供经验借鉴。

第一节 地方高校植物景观类课程地位概述

笔者所从教的地方高校位于西南某城市，具有典型的西南山地城市环境。学校秉承"以需求为导向，以学生为中心，以质量为根本"的办学理念，办学方向为特色鲜明、部分学科专业在同类高校中有较大影响力的区域性高水平应用型大学。结合学校办学方向和《风景园林专业本科指导性专业规范》《普通高等学校本科专业类教学质量国家标准（2018年）》等文件要求，我校风景园林专业的人才培养目标定为：立足六盘水、面向贵州，以立德树人为根本任务，忠诚于党的事业，培养德智体美劳全面发展的社会主义合格建设者和接班人，具有良好的人文素养和科学思维能力，具备扎实的风景园林基础知识和规划设计实践创作能力。培养符合山地城市和城乡人居环境建设的需要，在风景园林规划、设计、保护、建设和管理方面，能够胜任风景区规划、城乡绿地及景观规划设计、游憩及旅游规划设计、环境与生态保护、城乡规划、建筑设计、自然与文化遗产保护管理等各类设计实践工作的人才。具体应该具备以下四个方面的能力：

（1）知识运用：能够运用风景园林基本理论与方法，在风景园林规划设计及相关领域从事设计、保护、施工和管理等工作，理解和解决风景园林复杂工程问题。

（2）工程能力：具有丰富的工程经验和项目管理能力，在风景园林相关领域中，能够进行风景园林规划与设计、风景园林建筑设计、风景园林植物应用、风景园林工程与管理、风景园林遗产保护与管理、生态修复等工作，具备解决风景园林工程问题的能力。

（3）职业素养：具有适应国家发展需要的创新能力、人文素养、职业道德和社会责任感，通过持续学习保持职业竞争力。

（4）发展潜能：能够在团队中展现组织能力、决策能力与沟通协调能力，能够作为团队的核心成员或领导者，合理安排团队其他成员的工作并与各方做好沟通。

植物作为景观的四大要素之一，园林植物及植物景观设计相关的知识是园林设计的基础，相关课程则是风景园林专业教学体系中重要组成部分，更是人居环境科学三大学科（建筑学、城乡规划学、风景园林学）中唯一以"具有生命力的植物"为教学内容的课程类别。随着美丽乡村建设的进一步实施，风景园林专业肩负乡村振兴、生态文明和美丽中国建设的使命，因此植物景观类课程对培养生态文明建设、生态修复等方面的风景园林专业人才具有重要作用。

基于学校办学方向和人才培养目标，我校风景园林专业课程体系设置为通识教育课程、专业教育课程和实践教育课程三大模块。其中植物景观类课程仅有《园林植物学》和《园林植物应用》两门课程，且均作为专业主干课程设置，在课程体系中的位置见图 3.1（仅列出与园林植物类课程关联程度较高的课程）。

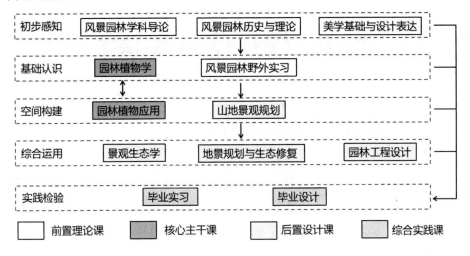

图 3.1　风景园林专业植物景观类相关课程体系
（资料来源：作者自绘）

从图 3.1 可看出，学生对植物景观知识的学习具有较好的知识进阶性，即学生从开设在风景园林专业第 1 学期的前置课程《风景园林学科导论》《风景园林历史与理论》中园林植物的"生境感知"学起，逐步上升第 2 学期《园林植物学》的"情景认识"体验，然后在第 4 学期的《园林植物应用》中学会"空间意境"表达，从而在第 6 学期的《景观生态学》《地景规划与生态修复》《风景园林工程设计》等课程中实现园林植物设计知识和价值认知的"蝶变"，并通过第 7 和 8 学期的《生产实习》《毕业设计》对植物景观类课程全过程链进行实践检验。

我校开设的《园林植物学》和《园林植物应用》两门植物景观类课程的教学目标设置、教学内容组织、教学过程开展、教学考核评价等都紧紧围绕学校"区域性高水平应用型大学"的办学定位和"符合山地城市和城乡人居环境建设需要的设计实践人才"的专业人才培养目标进行。后文将针对这两门课程的基本情况进行具体阐述。

第二节 《园林植物学》课程概况

一、《园林植物学》课程基本信息

《园林植物学》作为风景园林专业的基础核心课，开设在第2学期，课程学时数因人培修订而多次变动，主要为32学时（全部为理论学时或16个理论学时+16个实践学时）和48学时（32个理论学时+16个实践学时），目前固定在48学时。课程期末考核方式为闭卷考试。

二、《园林植物学》课程教学任务

本课程经过不断地教学改革，目前固定的教学任务和目标主要集中在知识层面、能力层面和思政层面。

知识目标：能够描述园林植物的概念、我国园林植物种质资源的特点以及园林植物的自然命名方式，能够描述园林植物主要观赏部位的形态特征，能解释园林植物受到各环境因子影响的形态特征表达，能解释园林植物的景观空间构成作用和各类园林植物在景观空间营造中的角色作用，能判断园林植物的命名，能够建立园林植物人为分类的框架，能掌握乔木类、灌木类、一二生花卉类、宿根花卉类、球根花卉类的类别特点以及各种植物的科属、形态特征、生长习性和园林应用。

能力目标：能够准确辨别和合理应用西南地区园林中至少20种常见乔木、20种常见灌木、20种常见一二年生花卉、20种常见宿根花卉、20种常见球根花卉；能够结合所学理论知识，根据不同园林植物的观赏特性、生态习性和配置原则，针对校内外不合理的以植物景观为主的景观空间提出提升意见和建议，并且能够进行较为基础的植物景观节点应用设计。

思政目标：本课程对接 OBE 教育理念、新工科和高等学校课程思政建设指导纲要要求，培养学生的爱国情怀、理想信念、文化自信、民族自信、科学精神、奉献精神、自然辩证思想、终身学习、团队协作等方面的素养，引导学生成为有"理想美""心灵美""行动美"三个审美向度的、有扎实专业知识与技能的、有温度、有情怀的人居环境建设接班人。

三、《园林植物学》课程内容组织

在前期未进行教学改革时，本课程内容安排不具有地域性，涵盖了全国各地的植物种类，特别是各论植物种类并没有聚焦于西南山地植物，造成学生在后续的植物应用课程学习以及工作中，面对以处理西南山地环境为主的项目场地时，在植物种类的选择上容易出现偏差和错误。加之《园林植物学》开设在第 2 学期，低年级学生还处于专业知识体系不完善，专业技能基础薄弱，主动学习习惯暂未养成，但处于对专业知识有迫切渴求，对新事物接受程度高，学习精力较为旺盛的阶段，因此本课程经过不断地教学改革，在课程内容的安排上遵循循序渐进的策略，构建了由绪论、总论和各论三大模块组织起来的内容体系，具体内容见表3.1。

表 3.1　《园林植物学》教学内容体系

（资料来源：作者自绘）

序号	模块	章节	内容
1	绪论	第一章 绪论	第一节 园林植物的定义
			第二节 园林植物的作用
			第三节 我国园林植物资源
2	总论	第二章 园林植物形态特征与观赏特性	第一节 园林植物的根
			第二节 园林植物的茎
			第三节 园林植物的叶

序号	模块	章节	内容
			第四节 园林植物的花
			第五节 园林植物的果实和种子
		第三章 园林植物与环境	第一节 园林植物与光
			第二节 园林植物与温度
			第三节 园林植物与水分
			第四节 园林植物与土壤
			第五节 园林植物与空气
		第四章 园林植物的分类	第一节 分类概述
			第二节 园林植物的自然分类
			第三节 园林植物的人为分类
3	各论	第五章 园林树木——乔木类	第一节 乔木类概述
			第二节 常绿乔木
			第三节 落叶乔木
		第六章 园林树木——灌木类	第一节 灌木类概述
			第二节 常绿灌木
			第三节 落叶灌木
		第七章 园林花卉—— 一、二年生花卉类	第一节 一、二年生花卉概述
			第二节 温室一、二年生花卉
			第三节 露地一、二年生花卉
		第八章 园林花卉——宿根花卉类	第一节 宿根花卉概述
			第二节 温室宿根花卉
			第三节 露地宿根花卉
		第九章 园林花卉——球根花卉类	第一节 球根花卉概述
			第二节 温室球根花卉
			第三节 露地球根花卉

四、《园林植物学》课程教学方法

《园林植物学》课程在前期未进行教学改革时，因课程内容较多、学时有限，且主讲教师还未形成教学改革的意识，教学过程以教师为中心，学生被动接受知识，呈现出灌输式教育，教学过程中仅穿插临时提问，且实践活动较少，教学方法单一，学生获得感低，教学效果较差。现通过不断地进行教学改革后，教学过程已经形成以学生为中心，以学生能力培养为导向，教学方法和模式上也已经摒弃了"教室、教材、教师""三中心"的教学模式和"灌输式、应试式、传授式""三为主"的教学方式，而形成以职业行为特征为导向，线上结合线下，融入开放式、启发式、探讨式教学方法的新的教学模式，有效激发了学生的学习兴趣，帮助学生养成了主动学习的习惯，建立起课前自学、课中参与学习、课后复学的学习模式。

五、《园林植物学》课程考核评价方式

本课程在未进行考核方式改革时，课程考核以期末闭卷考试为主，成绩占比可达 70%，而平时成绩主要由无法有效评价学生能力达成的出勤率、课堂表现以及 1-2 次平时作业为主，使学生习惯性进行考前突击复习，造成"一张试卷定终身"的局面，达不到评价学生对知识应用能力的目的。经过课程考核方式改革后，大幅降低了闭卷考试所占比重，调整为 40%，加大了过程性考核的比重，过程性考核项目的设置也紧扣课程目标进行，最终形成本课程的考核评价方式为：总成绩=过程成绩（平时成绩）×60%+课终成绩（期末成绩）×40%。

（1）过程成绩（平时成绩）评定：

①线上学习（25%）：通过学生对线上课程资源、教师录制的预习微课的学习以及课前预习任务点、课后复习任务点的完成情况来评价学生自主学习的能力。

②课堂表现（5%）：通过运用雨课堂、学习通、智慧教学平台等参与课堂学习活动，考查学生对课堂的参与情况，以及对基本原理的理解能力及知识的运用能力。

③小组任务（5%）：分组分配相关任务，由学生先对相关章节内容进行资料的搜集、分析、汇报，然后组织全班学生进行讨论，教师再通过讲授对内容进一步补充。评价学生主动学习、分析问题、解决问题的能力以及团队协作精神。

④平时作业（25%）：通过每周植物打卡、校内园林植物辨识和调查、校内外园林植物节点分析及提升等平时作业考察学生对园林植物基本知识的分析、比较、归纳、总结、应用的能力。

（2）课终考核成绩评定（40%）

①考核范围：试题涵盖教学大纲全部内容，知识点考查目标对应课程三大目标，并且所占分值与其学时占总学时比例相当；

②考核方式：闭卷笔试。

第三节　《园林植物应用》课程概况

一、《园林植物应用》课程基本信息

《园林植物应用》课程名称因人培修订在不同年级的人培方案中略有不同，《植物景观规划设计》《植物景观设计》《风景园林植物应用》均为本课程的曾用名。课程开设学期和学时也因人培修订多次变动，开设学期基本集中在第4-6学期，课程学时上主要为32学时（16个理论学时+16个实践学时）或48学时（16个理论学时+32个实践学时）。课程考核方式以考查为主。

二、《园林植物应用》课程教学任务

本课程目前固定的教学学时为 48 学时，课程教学任务主要以理论教学为基础，推动实践教学，教学目标主要集中在知识、能力和思政三个层面。

知识目标：通过学习，能够描述园林植物景观设计应用发展历史和动态，掌握植物景观设计的原理、方法和程序，在前期学习园林植物学的基础上，进一步了解不同地域，特别是西南地区园林植物的观赏及应用特点；运用植物生态学理论，掌握在不同生境下植物适应环境的能力，掌握西南地区常用景观植物的观赏特性、生态习性、园林应用要点，熟悉园林植物季相设计的方法；掌握室内外不同环境空间的植物景观设计要点，熟悉植物景观设计的程序与方法，熟练掌握植物景观不同设计阶段图纸的表达方法与要点。

能力目标：具备借助信息化工具进行再学习的能力，能够鉴赏和评价经典的国内外园林植物景观设计案例，具备对 100 种以上常见园林植物，特别是西南地区园林植物形态特征进行辨别的能力，以及依据植物主要生态习性和园林应用方式进行不同条件下的植物景观设计的能力，能够进行植物景观季相设计，能够进行园林植物景观的方案设计、种植设计，能够标准化绘制植物景观设计图纸。

思政目标：结合贵州及西南喀斯特地区植物景观特点及面临的挑战，能够引导学生在设计中深入贯彻习近平生态文明思想，同时注重将绿色生态设计作为植物景观设计主旋律，引导学生运用绿色环保材料及新的工艺和方法，践行绿色低碳的理念，切实加强学生投身生态文明建设的责任感与使命感；继承中国古典园林天人合一的设计理念，树立崇尚自然、尊重自然的理念，明确现代城市生态环境建设应以植物造景为主要手段；以传统园林植物景观案例、景题、相关古诗词解读、重点工程、典型人物等，将传统文化融入"园林植物应用"课堂教学，引导学生厚植爱国主义情怀，传承中华优秀传统文化，弘扬以爱国主义为核心的民族精神和以改革创新为核心的时代精神，激发学生爱国热情。

三、《园林植物应用》课程内容组织

本课程因其课程性质及课程目标，教学改革中更注重应用型课程的建设，经过教学改革，目前教学内容由基础理论、植物景观设计程序与施工管理和设计项目与实践三大模块进行组织，具体的课程内容见表 3.2。

表 3.2 《园林植物应用》教学内容体系

（资料来源：作者自绘）

序号	模块	章节	内容
1	基础理论	第一章 绪论	第一节 植物景观基础知识
			第二节 植物景观与环境
		第二章 植物景观要素与植物景观空间表达	第一节 植物景观的构成要素
			第二节 植物景观的表现形式
			第三节 植物景观空间的构成要素
			第四节 植物景观空间类型及组合设计
			第五节 植物景观空间的营造方法
		第三章 园林植物与其他景观要素设计	第一节 园林植物与建筑
			第二节 园林植物与水体
			第三节 园林植物与小品
			第四节 园林植物与道路
2	植物景观设计程序与施工管理	第四章 植物景观设计原则与程序	第一节 园林植物景观设计的原则
			第二节 园林植物景观设计的程序
			第三节 园林植物景观设计案例
		第五章 园林植物种植施工技术与管理	第一节 花境种植施工管理技术
			第二节 花境种植施工实践

序号	模块	章节	内容
3	设计项目与实践	第六章 园林花卉设计	第一节 花坛设计
			第二节 花境设计
			第三节 其他花卉形式设计
		第七章 园林树木设计	孤植、对植、列植、群植、林植
		第八章 校园植物景观设计	第一节 高校植物景观设计方法
			第二节 高校植物景观设计实例
			第三节 高校植物景观设计实践
		第九章 庭院植物景观设计	第一节 庭院植物景观设计方法
			第二节 庭院植物景观设计实例
			第三节 庭院植物景观设计实践
		第十章 居住区植物景观设计	第一节 居住区植物景观设计方法
			第二节 居住区植物景观设计实例
			第三节 居住区植物景观设计实践
		第十一章 公园植物景观设计	第一节 公园植物景观设计方法
			第二节 公园植物景观设计实例
			第三节 公园植物景观设计实践

四、《园林植物应用》课程教学方法

本课程是《园林植物学》的后置课程，以培养学生对园林植物的应用和设计能力为核心，因此本课程后续进行的教学改革也主要围绕学生的实践能力培养进行。未改革前的课程教学方法上主要采用理论部分的讲授法和实践部分的项目驱动法结合的方式，但是因课程课时有限，且无配套的课程实践环节，为了提升学生的设计实践能力，因此压缩了理论部分的学时。为了在有限的时间内完成理论教学，教学方法上仍然是以教师为中心的讲授法为主，较少采用互动式教学，学生对理论知识的掌握程度较差，进一步导致在实践环节缺乏理论支撑，设计思维受限，设计方案有较大缺陷。实践环节的教学也主要采用教师假定设计场地条件，学生以个人或小组为单位完成设计方案，缺乏可行性和落地性，实践效果较差。目前《园林植物应用》课程进行的教学改革主要围绕如何提高学生对园林植物的应用能力进行。教学方法上，在理论部分采用"线上+线下"的方式，将课堂教学延伸到课外，将课前微课预习、课中参与式学习、课后自主复习贯穿教学活动，打牢课程理论基础。实践教学部分，采用翻转课堂教学法、案例教学法、项目教学法等多种方式，以个人项目和小组项目结合，方案设计与项目落地施工结合的形式，有效提升了学生的园林植物设计和应用实践能力。

五、《园林植物应用》课程考核评价方式

本课程教学改革前后均采用考查作为主要的考核评价方式。课程改革前，以个人和小组实践作业为主要考查评价方式，而小组作业以教师评分为准，缺乏组间、组内等评分，形成的评价结果无法客观、科学评价学生的学习成果。经过考核方式改革，《园林植物应用》课程在过程性考核环节增加了理论基础知识部分的线上学习评价，包括课前微课预习、课上参与互动、课后复习自学，同时增加随堂植物配置练习、国内外植物景观对照分析小论文撰写、专项植物绿地类型调研分析和提升等环节，期末考核评价项目则是以小组为单位进行指定地点的花境方案设计和花境施工，授课教师组织教学系相关教师对花境方案图纸和花境施工实物根据评分标准进行集体评分。小组成绩由授课教师评分和评分教师评分共同组成，个人成绩则是在小组成绩的基础上，结合组内互评分值得到。通过增加理论部分的考核项目以及多元评价主体，可以使课程考核结果更能科学、客观地反映出学生对理论知识的掌握程度以及将理论知识运用于实践的能力。

第四章　地方高校植物景观类课程改革实践研究

　　植物是园林空间中唯一具有生命力、可以表现季相变化的景观元素，植物景观类课程作为风景园林专业核心课设置，对于本专业学生构建完整的专业知识体系具有不可取代的作用。地方高校的人才培养方向有别于一流高校或综合类大学，后者侧重于培养研究型、创新型高级人才，主要以培养服务地方的应用型人才为主。因此，笔者所执教的地方高校风景园林专业植物景观类课程目标必须与学校办学方向和专业人才培养目标一致，课程内容必须根据行业发展和人才需求不断进行改革和调整，课程教学方法必须不断创新，课程考核方式必须能够对评价教学目标的达成起到支撑。同时，为了培养学生的社会责任感、职业道德和人文素养，强化学生的生态文明意识和家国情怀，还必须在植物景观类课程教学中进行课程思政的融入，不仅有助于培养学生的世界观、人生观和价值观，对于提升风景园林专业人才的培养质量也具有重要意义。

　　笔者执教的西南某地方高校风景园林专业植物景观类课程共有《园林植物学》和《园林植物应用》两门课程，属于前置和后置课的关系。两门课程的教学对象、教学内容、教学目标有较大区别，因此在教学改革方面的侧重点也不同。如《园林植物学》主要从课程内容、考核方式、课程思政方面进行教学改革研究，《园林植物应用》则主要从课程应用和实践方面进行改革，以下将对两门课程的改革过程、经验和成果作以论述。

第一节　地方高校《园林植物学》课程内容改革
实践研究

随着教育制度的不断变革，高水平应用型人才成为地方高校人才培养的主要目标和方向。地方应用型高校要顺应时代的发展趋势，以社会对人才的真实需求为导向，深入推进教学改革，提高教学质量和效率，促进学生逐步成长为高素质复合型、应用型人才，服务于社会经济的发展。

《园林植物学》课程是风景园林专业的基础核心课程，对学生构建专业知识体系具有重要作用。该课程在之前的教学中，基本是以"教师教，学生学"为基本模式，考核方式上闭卷考试成绩占比很大，形成"一张试卷定终身"的局面，导致学生不注重过程性学习的积累，学生的实践能力、创新能力等综合素养也无法得到培养。本研究在分析地方应用型高校人才培养目标、地方应用型高校《园林植物学》教学现状的基础上，提出地方应用型高校《园林植物学》教学改革策略，即优化改良课程设计、创新优化教学模式、积极开展实践教学、建立健全考核机制、强化教师专业素养，从教学内容、教学方法、考核方式、课程思政融入几个方面进行了重点改革，旨在强化风景园林专业学生综合素养，以适应现代园林行业的发展和人才培养需求。

依托本课程实施的教学改革项目《地方应用型高校风景园林专业〈园林植物学〉教学改革研究》在 2018 年获得校级教学改革研究项目立项，课题编号为 LPSSYjg201812，目前已经顺利结题，以下将针对《园林植物学》的教学改革研究工作进行论述。

一、概述

高等教育课程改革对于培养具有创新精神和实践能力的高素质人才至关重要。传统的课程设置与教学方法往往重视理论知识的传授，忽视学生的应用能力培养。而现代社会对人才的要求已经发生了巨大变化，强调实践能力、创新意识以及团队合作等方面的素质。因此，高等教育课程改革就具有多方面的现实意义，包括培养学生的创新能力、创新思维和解决问题的能力，通过项目驱动、案例分析等方式激发学生的创新潜力，促进学生人文素养、艺术修养和体育锻炼等方面综合素质的全面发展，此外课程改革中注重培养学生的职业素养、实践能力和创业意识，可以提高学生的就业竞争力。

近年来，国家大力推进课程改革建设，先后发布《教育部关于进一步深化本科教学改革全面提高教学质量的若干意见》《关于大力推进教师教育课程改革的意见》等政策性文件，从创新教师教育课程理念、优化教师教育课程结构、改革课程教学内容、开发优质课程资源、改进教学方法和手段、强化教育实践环节、加强教师养成教育、建设高水平师资队伍、建立课程管理和质量评估制度、加强组织领导和条件保障等方面对课程建设提出了指导性意见。目前，我国高等教育课程改革虽然已经取得了一些成果，但是仍存在着问题和挑战。如课程内容设置不合理，部分高校的专业课程内容没有紧扣国家政策方针和专业发展趋势，滞后于社会需求，课程内容与实际发展不适应；教学方法陈旧，多采用传统的以教师为中心的讲授法，较少采用线上教学平台，缺乏互动性、创新性；同时教学考核评价方式单一，多以期末考试成绩为主，忽视对学习过程、实践能力等的评价。

风景园林是一个综合性专业，该专业的人才培养质量和效率，关系到自然、工程、文化以及艺术等多个领域的发展，因此地方应用型本科院校，要全面贯彻落实立德树人的根本教育任务，结合专业课程的特征特点，优化改良教学模式，通过多元化的教学手段，促进学生综合发展，为我国风景园林工程事业的可持续发展，注入源源不断的动力。本研究以某西南地方高校开设的《园林植物学》课程为对象，对课程改革实践和经验进行梳理和总结，以期为其他地方高校进行同类型课程改革提供参考。

二、在教学改革背景下地方应用型高校人才培养目标

随着社会经济的不断发展，城市化进程的日益加快，我国对生态文明建设工程提出了更高的要求，给风景园林行业带来新发展机遇的同时，也使其面临着更大的挑战，在这种背景下，风景园林领域的人才需求特征发生了显著的变化，即对应用型人才的需求日益增多。对此，地方应用型本科院校要紧跟时代的发展步伐，在开展专业课程的教学工作时，以行业对人才的现实需求为导向，科学制定人才培养目标，培育出更多专业能力强、实践水平高，拥有良好道德素质和审美素养的优质人才，为我国园林行业的现代化发展，提供有力的人才支持。

1.完善以职业生涯可持续发展为依托的知识结构

完善的知识结构是应用型人才综合能力体系的关键性内容，是一切实践活动开展的基础，也是从业者职业生涯得以长久稳定发展的基础。因此，在《园林植物学》的课程教学中，专业理论知识的讲授要做到全面、系统，让学生掌握各类分散知识点的内在逻辑关系，并形成完整的知识框架，能够将专业理论知识内化于心、外化于行。另外，对于风景园林专业而言，科学文化知识以及创新创业知识，起着至关重要的作用，学生想要在专业领域有所成就，一方面要加强对专业理论知识的领会，不断优化知识结构，拓展专业知识的深度、宽度和广度，另一方面要拥有一定的创新能力，灵活运用园林植物学相关知识，对园林工程展开创新设计，以及园林建设工程对艺术性、生态性以及科学性的要求。

2.提高以专业实践能力为核心的能力结构

实践能力直接决定应用型人才是否能够胜任职业岗位。《园林植物学》

课程的学习在于理论和实践的充分结合，因此在培养应用型人才的过程中，要重视学生专业实践能力的发展，确保其能够结合专业理论知识，达到有效辨别和合理应用西南地区常见园林植物的实践能力。另外，还要采取行之有效的实践教学手段，培养学生团队协作能力、组织管理能力。地方应用型本科院校要正确认识到专业实践能力对于学生职业生涯发展的重要性，积极组织有价值的实践活动，助力学生综合发展。

3.强化以职业素养为核心的综合素质结构

高层次的应用型人才，不仅要具备较强的专业能力和技术水平，还要拥有良好的职业道德素养以及社会责任感，能够自觉履行责任和义务，将个人利益与企业利益相结合，为风景园林行业贡献力量。因此在《园林植物学》的教学中，教师还要深度剖析风景园林行业与生态文明建设、社会经济发展之间的关系，强化学生社会责任感和使命感，使其树立敢于奉献、不惧困难、吃苦耐劳的价值观念，形成高尚的情操以及健全的人格，助推风景园林行业的高质量、高效率发展成为现实。

三、地方应用型高校《园林植物学》教学现状分析

1.课程内容与课时不符

《园林植物学》是一门内容覆盖广、综合性较强的学科，因此学生不仅要学习园林的植物相关知识，还需要了解除植物学之外的气象学、土壤学等多个专业的理论知识用以辅助对本课程内容的理解，因此教师和学生都面临着较大的挑战。但本门课程的总课时仅有 32 或 48 课时，相较于繁多的课程内容，课时明显较少，在无形中加大了学生学习的难度，部分学生理解能力有限，仅能够掌握基础理论知识，对知识的研究还不够深入、透彻，难以达到精通的效果，出现了一知半解的情况。究其原因，地方应用型本科院校在办学过程中，普遍存在"重基础、宽口径"的问题，要求教师利用有限的课时数量，讲解大量的专业内容，使得教师的工作压力较大、负担沉重，在设

计教学方案和计划的过程中，难以协调好理论教学和实践教学的比重，导致教学效果不佳，阻碍了学生综合素养的进一步发展。

2. "教"与"学"脱节

"教"与"学"是一个互相联系的有机整体，在开展教学活动的过程中，要通过科学合理地教，引导学生展开积极主动地学，双方在良好配合的基础上，实现理想的教学目标。但从部分高校《园林植物学》课程教学工作目前的开展情况来看，还存在一定的欠缺和不足，其中教与学严重脱节未能形成整体，是导致教学质量和效率低下的关键原因。部分教师受传统教学理念影响较深，还在沿用传统以理论灌输为主导的教学模式，这种教学手段对于专业基础扎实且学习能力强的学生，具有一定的成效。但不同学生对专业知识的理解能力和掌握程度存在一定的差异性，一言堂的教学模式，未能重视学生主体地位，使得很多学生只是被动地接受专业知识，而非主动探究知识背后更深层次的内容，长此以往，学生可能会对专业课程产生抵触和厌烦心理，给后续教学活动的顺利推进造成阻碍。同时，在满堂灌的教学模式下，学生缺少机会发表见解和独特的观点，因此独立思考的能力不足，导致学生认识问题解决问题的能力日益弱化，脱离教师的指导后无法运用专业理论知识解决实际问题，这与应用型人才培养目标不符，不利于学生长期发展。因此，《园林植物学》课程的授课教师，要深刻意识到"教"与"学"之间的关系，根据学情以及专业课程的特点，建立完善系统的教学体系，从传统单一、片面的教学模式中脱离出来，提高学生在课堂活动中的参与感和存在感，满足应用型人才的培养需求。

3.重视理论轻视实践

在《园林植物学》的总课时中，有 16 或 32 个课时为理论教学，还有 16 课时为实践教学，但通过对该门专业课程实践教学活动的分析可知，在 16 课时的实践教学中，有很多教学活动都是在课堂中完成，学生进入实训室、到校园外展开实践活动的机会较少。教师为完成实践教学任务，在课堂教学中组织学生观看视频和图片，这种教学模式存在重理论轻实践的问题，学生缺乏将专业理论知识学以致用的机会，导致学生无法成为真正意义上的应用型人才。专业实践能力不足，难以满足用人单位对高水平应用型人才的需求，阻碍了学生职业生涯的发展。另外，部分高校对专业理论课程的重视程度明显要高于实践活动，对实践成果的考核不够重视，使得学生在思想层面未能认识到实践课时的重要性，在参与实践活动的过程中存在敷衍、不认真的情况，致使实践课时流于形式，难以发挥出应有的作用和价值。

4.考核方式较为单一

现阶段，地方应用型本科院校《园林植物学》课程的考核与成绩评定方式基本为书面闭卷考试。部分高校还在沿用传统"一张试卷定终身"的考核模式，平时成绩的考核手段较为单一，主要就是在期末考试中开展书面闭卷考试。这种单一的考核模式，存在重结果、忽过程的问题。学校和教师仅关注学生最终的学习成果，未能对学生学习的过程展开客观的评价以及科学的指导，使得学生在日常学习中存在不认真，期末突击复习即可取得好成绩，这种考核方式评价出的结果与真实的人才培养效果是相悖的。因此，《园林植物学》课程考核的方式亟需改革。

5.教师专业素养不足

专业课程教师的专业能力和职业素养直接关系到应用型人才的培养效果。但就《园林植物学》课程的教学现状而言，大部分地方应用型本科院校现有教师的专业理论能力均较强，能够将基础理论知识讲解到位，但部分教师缺乏实践经验，未能深入到行业实际，对风景园林行业新的技术、设备等进行学习和研究，导致教学理念和模式较为落后，限制了学生实践能力的发展。因此地方应用型高校要做好专业课教师的培训、考核以及基层服务工作，注重打造"双师型"队伍，确保在富有实践经验的师资队伍的培养下，风景园林专业的学生能够逐步发展成为应用型、复合型人才。

四、地方应用型高校《园林植物学》教学改革策略

地方应用型本科院校作为一种特殊的高等教育机构,人才培养目标与普通高校有所差别。现阶段,风景园林行业对人才的专业基础、实践能力以及职业素养的要求日益严格,并且行业内部的人才竞争愈发激烈,地方高校想要提高学生就业率,达成预期的办学目标,就要加大对应用型人才的培养力度,提高学生行业竞争力,确保其能够在激烈的行业竞争中脱颖而出。因此在教学过程中,地方应用型高校就要以行业的现实需求为导向,对现行的教学模式进行改革优化,以适应行业发展对人才的需求。《园林植物学》课程为了达到对应用型人才的培养,采用以下策略对课程进行改革:

(一)优化改良课程内容体系

地方高校要对《园林植物学》课程内容展开全方位的研究,根据人才培养的方向,联系学生现实情况,对教学大纲进行有针对性的设计,明确各个章节的教学重点以及难点,协调好理论课程与实践课程的比重,站在统筹兼顾的角度加强顶层设计,为教师开展教学工作指明正确的方向。

在《园林植物学》现有的课程内容体系中,各章节涉及的专业内容存在较大的差异性,并且对学生能力结构的培养目标有所不同,这就要求教师在深层次解析教材内容的基础上,明晰每个章节的核心教学内容,再设计教学目标和计划。结合表3.1《园林植物学》教学内容体系,授课教师初步梳理出课程内容体系与能力培养目标,详见表4.1。地方应用型本科院校在推进教学改革的过程中,可结合表内相关内容,掌握各个章节的重难点教学内容后,再合理分配每个章节的理论课时以及实践课时,能够进一步提高专业教学水平,为我国风景园林行业储备更多优质的人才。

表 4.1　《园林植物学》课程体系与教学目标

（资料来源：作者自绘）

章次	章节名称	重点教学内容	难点教学内容	能力培养目标
第一章	绪论	1.园林植物的概念和作用 2.我国园林植物资源特点	园林植物的城市美化和生态作用	能对应 5 种植物空间类型进行真实植物节点的分析
第二章	园林植物的形态及观赏特性	园林植物的根、茎、叶、花、果实、种子的结构组成和观赏特性	园林植物各个器官的观赏特性以及在园林中的应用	1.能运用专有名词分析和判断园林植物的根、茎、叶、花、果实、种子的类型和结构组成。 2.能构建以观赏园林植物的根、茎、叶、花、果实、种子为主的园林植物库。 3.能评价植物景观节点的观赏性，并提出提升策略。
第三章	园林植物与环境	不同光照、温度、水分和土壤条件下的西南地区代表植物	常见西南地区园林植物所适应的环境条件	1.能分析和判断不同植物的主导环境因子。 2.能评价不同环境条件下植物景观配置的合理性，并提出提升策略。
第四章	园林植物的分类	1.园林植物按照亲缘关系进行的植物学分类 2.园林植物按照人为分类体系进行的分类及代表植物	1.物的命名方法 2.园林植物按照园林用途和生态习性进行的分类	1.能判断园林植物学名的组成和书写正误 2.能根据园林植物的人为分类系统评价真实植物景观配置节点，并提出改进策略。
第五章	园林树木一乔木类	常见西南地区常绿和落叶乔木的形态特征、生态习性以及园林应用	常见西南地区乔木的形态特征、生态习性、园林应用	1.能从科属、形态特征、生态习性、园林应用几个方面出发建立西南地区至少 20 种常见园林乔木的植物库，并熟练运用到景观场景中。 2.能够评价真实植物景观场景中乔木的应用效果，并提出提升策略和方案。
第六章	园林树木一灌木类	常见西南地区常绿和落叶灌木的形态特征、生态习性以及园林应用	常见西南地区灌木的形态特征、生态习性、园林应用	1.能从科属、形态特征、生态习性、园林应用几个方面出发建立西南地区至少 20 种常见园林灌木的植物库，并熟练运用到景观场景中。 2.能够评价真实植物景观场景中灌木的应用效果，并提出提升策略和方案。
第七章	园林花卉一一、二年生花卉	常见西南地区一、二年生花卉的形态特征、生态习性以及园林应用	常见西南地区露地一、二年生花卉的形态特征、生态习性、园林应用	1.能从科属、形态特征、生态习性、园林应用几个方面出发建立西南地区至少 20 种常见园林露地一、二年生花卉的植物库，并熟练运用到景观场景中。 2.能够评价真实植物景观场景中露地一、二年生花卉的应用效果，并提出提升策略和方案。
第八章	园林花卉一宿根花卉	常见西南地区宿根花卉的形态特征、生态习性以及园林应用	常见西南地区露地宿根花卉的形态特征、生态习性、园林应用	1.能从科属、形态特征、生态习性、园林应用几个方面出发建立西南地区至少 20 种常见园林露地宿根花卉的植物库，并熟练运用到景观场景中。 2.能够评价真实植物景观场景中露地宿根花卉的应用效果，并提出提升策略和方案。
第九章	园林花卉一球根花卉	常见西南地区球根花卉的形态特征、生态习性以及园林应用	常见西南地区露地球根花卉的形态特征、生态习性、园林应用	1.能从科属、形态特征、生态习性、园林应用几个方面出发建立西南地区至少 20 种常见园林露地球根花卉的植物库，并熟练运用到景观场景中。 2.能够评价真实植物景观场景中露地球根花卉的应用效果，并提出提升策略和方案。

（二）创新优化教学模式

为激发学生对《园林植物学》课程的学习兴趣，充分调动其参与教学活动的积极性和主观能动性，教师要打破传统单一的教学模式，利用多元化的教学手段，使学生从被动接受专业理论知识，转变成积极主动地探究专业知识更深层次的内容。在教学方法上，要采用多元化的教学方法，如案例分析、小组讨论、互动教学、现场教学等，以激发学生的学习兴趣和主动性，提高教学效果。

同时在信息化时代，信息技术、大数据技术、多媒体设备等先进技术手段的发展，为《园林植物学》的教学提供了新的方向和路径。因此教师要不断更新教学理念和模式，做到与时俱进，将先进的技术手段与教学工作有机结合，采用线上线下混合教学模式，为学生展开自主学习留有充足的时间和空间，充分展现学生的主体地位。《园林植物学》课程借助2020疫情期间进行线上教学的契机，授课教师开始在超星学习通进行自建课程，建设有微课预习、课后复习、课堂活动、课程资料、作业库、试卷库等。后期因学校审核评估需要，课程线上建设平台转换给微助教智慧教学系统，目前建设有课件、签到、答题、点答、作业、答疑、在线学习、备课等功能，线上教学活动的具体开展后文有具体阐述。

在开展线下教学活动时，教师主要采用"BOPPPS+1"的教学模式，该模式具体内容后文有叙述。教师要提前了解学生线上学习情况，根据学生预习测试结果，明晰线下教学活动的重点内容、难点内容，将学生错误率较高且反馈较多的内容进行重点讲解。线下教学过程中也要合理使用线上教学平台功能，如讨论、答题、抢答等引导学生展开积极地沟通和交流，课程结束后认真听取学生的观点和见解。

其次，为丰富学生理论知识，拓宽其知识面，与后置课程进行合理衔接，教师还要以任务驱动法鼓励学生多阅读与《园林植物学》相关的课外书籍，如《花卉学》《园林树木学》《园林花卉与应用》，以及《认识中国植物西南分册》《中国西南喀斯特园林植物资源及应用》等论述西南地区特色植物资源的书籍资料，帮助学生脱离单一的教材和单一教学活动的桎梏。

（三）积极开展实践教学

在《园林植物学》课程体系中，实践教学占据着重要的地位，其教学质量和效率，直接关系到应用型人才的培养效果，因此教师要提高对实践教学的重视程度。在实际教学过程中，可从以下四个途径加强和开展课程的实践教学：

首先，课程教学过程中注重实践环节的植入。《园林植物学》课程理论知识占比较大，学生学习过程中比较抽象和枯燥，因此教师应充分利用可植入实践环节的部分章节调动学生的学习积极性。如在学习园林植物形态章节，可以借助不同种类的植物实体进行形态特征的展示以辅助理论学习；在学习球根花卉环节，提前发放球根花卉的球根、块茎等给学生，要求学生在种植过程中观察和记录球根花卉的形态变化。

其次，分散实践结合集中实践。课程的分散实践主要包括植物打卡和章节对应的短期实践，即在课程过程考核项目中，设置每周植物打卡项目，要求学生根据教师提供的植物图片，在校内寻找到对应植物并进行观察、判别和记录，以及在各论部分的学习中，在对应章节的理论学习结束后，立即安排对应内容的校内实践。集中实践则为全部课程内容学习结束后进行一次针对校内植物的综合实践，并与植物应用相关内容结合起来。

其次，加强与后续实践课程的衔接。园林植物较多，种类不一，并且拥有周期性、季节性、地域性等特点，仅靠有限的课时和场地教学，无法帮助学生对不同季节、不同地区的特色植物的形态特征、生态习性和园林应用有更深层次的认识，因此要做好与其他相关后续实践课程的衔接。如开设在风景园林专业第 3 学期为期两周的《风景园林野外实习》中，一般设置的路线都在省外，是学生了解和学习西南地区以外植物景观的绝佳机会。因此在制定实习任务的时候，可以对接实习带队教师，对园林植物专项提出考察要求，并在实习报告中形成植物专项的调查成果，可有效延续《园林植物学》的研究、学习和实践成果。

最后，加强课程与第二课堂活动衔接。第二课堂是高校育人的第二大育人载体，是提升高校学生综合素质的重要途径和有效方式。因此将《园林植物学》课程与大学生创新创业项目、三下乡社会实践、校内社团等学生参与度较高的第二课堂活动结合起来，可以将课程实践活动从课程本身有效延伸和辐射到课外，进一步为全过程育人工作奠定基础。

（四）建立健全考核机制

地方高校要充分认识到传统考核模式的漏洞，从一张纸卷定终身的考核模式中脱离出来，提高过程性考核的比重。《园林植物学》课程在未进行改革前，教学中主要采用的是传统的"教师讲，学生学"的模式，相对应的课程考核侧重于对园林植物基础知识的识记、理解，因此课程成绩组成主要由平时成绩和期末闭卷考试成绩组成，且闭卷考试的题型中以考察知识识记的客观题占比更大，而能反映学生对问题进行分析、解答和对知识应用的主观题占比较少，进一步驱使学生习惯于对知识点死记硬背，这就导致了学生不注重过程性的学习，只在期末进行突击复习即可取得高成绩，这与专业课程应培养学生运用基础知识去解决复杂工程问题的人才培养目标相去甚远。因此在对本课程考核方式进行深入分析的基础上，总结出了原有考核方式上的5大突出问题：考核评价方式未体现课前诊断性评价、主动学习评价；过程性考核方式单一，无法客观评价学生的过程性学习成果；闭卷考试试卷成绩占比大，主观题与客观题比例设置不合理；缺乏课程考核评价标准和其他评价类型；缺乏考核评价反馈机制。针对这些突出问题，本课程也成功申报了校级课程考核方式改革项目，在教学实践中完善并形成了《园林植物学》课程考核方式改革方案。具体改革内容后文将详加叙述。

（五）思政元素融入课程教学

在 2020 年《教育部关于印发〈高等学校课程思政建设指导纲要〉的通知》指出：课程思政建设工作要围绕全面提高人才培养能力这个核心点，在全国所有高校、所有学科专业全面推进，促使课程思政的理念形成广泛共识，广大教师开展课程思政建设的意识和能力全面提升，协同推进课程思政建设的体制机制基本健全，高校立德树人成效进一步提高。落实立德树人根本任务，必须将价值塑造、知识传授和能力培养三者融为一体、不可割裂。因此，将思政元素融入课程教学，全方位开展课程思政是新时代高等教育改革发展的必然趋势。园林植物本身就是传统园林和现代景观中重要的造景材料，具有浓厚的文化背景、生态价值、美学价值等，并且作为开设在西南地区地方高校的《园林植物学》课程，教学改革中更要深挖生态文明、传统文化、地域文化、家国情怀、职业素养等方面的思政元素，形成思政案例，科学地融入教学设计中，达到知识育人、能力育人和价值育人的三重目标。后文也将针对本课程的思政改革内容进行详细阐述。

（六）强化教师专业素养

地方应用型本科院校多以培养服务地方的应用型人才为主要办学方向，应用型人才的培养离不开具有扎实实践技能的教师队伍，因此要重视"双师型"教师队伍的建设，提高教师专业能力的同时，丰富其实践经验，确保实践教学活动能够顺利开展。地方高校可以通过行之有效的激励措施，鼓励教师到一线企事业单位实践，同时还要引进在风景园林行业有丰富工作经验的人员，到校内作为兼职教师，为学生实践能力的发展奠定良好的基础。另外，还要建立健全面向师资队伍的考核体系，将考核结果与薪资待遇、职称晋升等相挂钩，端正专业教师的工作态度，为应用型人才培养目标的实现提供助力。我校目前已经出台教师实践锻炼经历认定办法和"双师双能型"教师培育和认定办法，要求符合条件的教师必须在一个周期内至少具有到相关基层单位进行累计不少于 6 个月的实践锻炼经历。笔者目前已经通过市级科技特派员进行观赏植物苗木栽培指导和培训、到室内装饰工程企业进行景观方向的技术服务，参与横向课题的研究，这些实践经历都对《园林植物学》课程教学改革奠定了扎实基础。

五、《园林植物学》课程教学改革建设现状与成果

《园林植物学》课程通过不断吸收新的教学改革思路、学习新的改革案例、融入课程思政元素和教学对象关于课程教学的反馈意见，已经在教学理念、教学目标、教学内容、教学方法、教学模式、课程考核等方面进行了更新、改革和建设，取得了一定的成果，以下针对《园林植物学》课程教学改革建设现状和成果进行展示。

（一）教学理念改革

教学理念是指导教学活动的根本思想，是教师的授课信念，是教师对教学活动的看法和持有的基本态度和观念，是整个课堂教学的内涵，是一切教学活动的出发点和归宿，它决定了教学目标的设置、教学内容的选择、教学设计的事实，并直接影响教学目标的达成。《园林植物学》课程未进行改革时，是以教师、教材为核心，学生在教学活动中属于被动的从属地位，这违背了高等教育应彰显"以学生为本、以学生发展为中心"的教育理念，因此课程教学改革的第一步就应该是转变教学理念。本课程改革后的教学理念见图 4.1，即将原来以"教师为中心"转变为以"学生为中心"进行所有教学活动的设计；提高课程思政在教学活动中的地位，通过凝练课程思政元素，合理地将价值塑造这一教学目标贯穿教学的全过程；结合学生就业方向、地域分布以及学校区域高水平应用型高校的办学定位，将之前课程内容以学习全国各地域植物调整为以西南地区园林植物为重点内容，以华南、华东、西北、华中地区常见园林植物为辅助内容进行学习；教学手段由之前单一的讲授法

改为多措并举；并且将学生线上学习成果作为线下教学活动的支撑；最终以学生的学习结果为教学目标的检验手段，符合 OBE 理念的要求。

（二）课程目标更新

《园林植物学》课程未改革前，课程目标设定为"通过本门课程的学习，

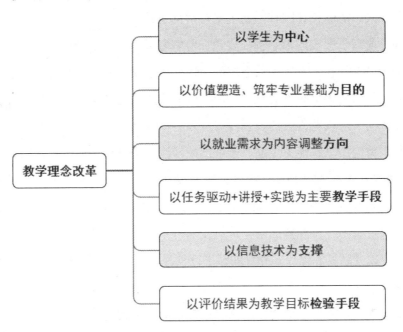

图 4.1 《园林植物学》教学理念改革

（资料来源：作者自绘）

使学生了解园林植物的概念、功能、作用以及我国观赏植物种质资源的特点；掌握观赏植物的分类、常见园林植物的特征、生长习性和在园林中的应用；能够根据不同园林植物的观赏特性和配置原则，结合专业特点，合理运用园林植物进行景观设计；并且具备对 100 种以上常见园林植物的直接辨识能力"，可以看出课程目标没有发挥学生的学习主体地位，而是处于被动接受知识的层面；同时没有考虑教学对象的学情信息和课程的基础属性，将能力部分的目标定得过高，不仅很难通过课程学习达到该目标，也无法与后置课程进行有效衔接。

本课程进行教学目标更新改革时，首先就根据高校"立德树人"根本任务与我校建设区域性高水平应用型大学的定位，以培养适应社会需求的创新实用型人才为目标，强调"立德"与"树人"并行、理论与实践并重，因此将课程目标更新为知识层面、能力层面和价值层面的细化目标。在知识层面，能够描述园林植物的概念、我国园林植物种质资源的特点以及园林植物的自然命名方式，能够描述园林植物主要观赏部位的形态特征，能解释园林植物受到各环境因子影响的形态特征表达，能解释园林植物的景观空间构成作用和各类园林植物在景观空间营造中的角色作用，能判断园林植物的命名，能够建立园林植物人为分类的框架，能掌握乔木类、灌木类、一二生花卉类、宿根花卉类、球根花卉类的类别特点以及各论植物的科属、形态特征、生长习性和园林应用。在能力层面，能够准确辨别和合理应用西南地区园林中至少 20 种常见乔木、20 种常见灌木、20 种常见一二年生花卉、20 种常见宿根花卉、20 种常见球根花卉；能够结合所学理论知识，根据不同园林植物的观赏特性、生态习性和配置原则，针对校内外不合理的以植物景观为主的景观空间提出提升意见和建议，并且能够进行较为基础的植物景观节点应用设计。在价值层面，本课程对接 OBE 教育理念、新工科和高等学校课程思政建设指导纲要求，培养学生的爱国情怀、理想信念、文化自信、民族自信、科学精神、奉献精神、自然辩证思想、终身学习、团队协作等方面的素养，引导学生成为有"理想美""心灵美""行动美"三个审美向度的、有扎实专业知识与技能的、有温度、有情怀的人居环境建设接班人。

（三）更新教学内容

在教学内容上，改革前的课程教学内容安排过度依赖所选用的教材，忽视了学校办学方向和专业定位，忽视了学生的就业方向，忽视了学情分析和与后置课程的衔接，忽视了课程思政元素的融入，忽视了地域特色植物资源在教学中的体现，忽视了"两性一度"，即高阶性、创新性、挑战度在教学内容中的体现。经过改革后，结合学校区域高水平应用型高校的办学定位，以及学生毕业后的就业地点以西南地区为主，华南、华中等地为次要就业选择地的情况，以及课程教学对象为专业知识基础薄弱的大一学生，将课程内容以普适性地学习全国各地植物调整为以西南地区生态效益和社会效益兼顾、对区域生物多样性保护具有高生态价值的乡土植物为主，并删减了植物设计相关章节。其次，结合教学内容，提炼出本课程的课程思政教学目标和体系，以呼应价值塑造的课程目标。最后，通过一补、二增突出"两性一度"的要求。"一补"是指在教学中与时俱进，补充园林植物的研究性、前沿性内容，将学科相关的新理论、新思想、新动态、新案例引入教学；"二增"是指通过多种形式和途径增加综合性和探索性实践教学课时，有效培养学生的实践能力和创新能力，并引导学生从单体植物的形态和习性向微观层面或种群、群落等复杂系统层面进行探索，为后置课程衔接、学生考研、未来就业等奠定基础。改革后的课程教学内容安排见表 3.1，课程内容改革前后的对照情况见图 4.2。

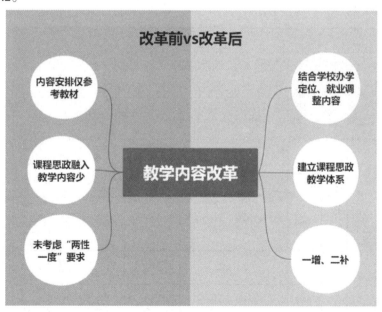

图 4.2 《园林植物学》教学内容改革

（资料来源：作者自绘）

（四）教学模式更新

改革前《园林植物学》教学以教师、教材和教室为中心，利用多媒体进行讲授为主要教学手段，且课程教学中仅安排两节课的校内植物鉴别实践活动，学生大部分时间仅从二维的图片上观察植物的形态特征和应用效果。这就导致了课程结束后，学生基本达到了理论知识层面的目标要求，但是真正能够辨识到的植物种类非常少，在后置的植物应用设计课程中进行植物应用的水平很差。因此，在教学目标、教学内容进行改革更新后，教学模式必然要作出相应的改革。改革后的教学模式以"线上+线下"为主体模式，线下课堂则形成了"BOPPPS+1"的模式，因此《园林植物学》课程就形成了"线上+线下""BOPPPS+1"的混合教学模式，见图4.3。这种教学模式突破了以往仅以线下课堂教学贯穿整个教学过程带来的有限教学空间和有限教学时间上的弊端，因此教学模式的改革主要涉及线上课程资源的建设和线下课程教学改革两部分。

"BOPPPS+1"混合教学模式									
"BOPPPS+1"混合教学模式			课前自主探究			课中知识内化			课后拓展提升
			导入(B)	目标(O)	前测(P)	参与式学习(P)	后测(P)	总结(S)	拓展(+1)
线上线下混合	线上	学生	微课预习、预习任务点完成、话题讨论			签到、投票、抢答、问卷等	随堂测验	讨论	作业提交、教学评价
		平台	学习通			学习通+雨课堂			学习通
		教师	发布预习任务、评估学习情况、总结问题			线上平台发布教学活动	教师评价	教师评价	作业评阅、在线答疑、成绩分析
	线下	学生	认知实践			翻转课堂、讨论、汇报	测验自评小组互评	回顾总结	章节习题、课后实践
		教师	教学活动设计			知识引学、室外实践、现场答疑、归纳总结、问题反馈			第二课堂、教学反思

图4.3 《园林植物学》"线上+线下""BOPPPS+1"的混合教学模式
（资料来源：作者自绘）

1.线上课程教学资源建设现状

2020 年之前，线上教学的理念和方式还未被大多数教师接受，而 2020 年突如其来的疫情推动着各类教师必须快速掌握线上授课的方式和技巧，因此本课程也在这一时期借助超星学习通平台开始了线上课程的建设，课程界面见图 4.4。超星学习通自建课程以改革后的课程内容体系为框架和基础，结合教师课前录制章节预习微课、设置章节习题、录入课程教学环节、上传课程参考资料、设置教学活动、线上发布作业、建设试卷库等环节进行建设。自 2020 级风景园林开始建设使用到 2022 级风景园林停止使用，超星学习通课程共经过了 3 年的建设，已经建成的课程资源数据见表 4.2。后期因学校评估工作需要更换了线上教学平台，目前《园林植物学》课程在微助教智慧教学系统进行线上教学资源的建设。由于课程内容体系经过几年的改革和优化已经趋于稳定，因此在该平台进行的课程建设内容框架保持原状，仅根据平台功能的变化进行了课程资源的建设，课程界面见图 4.5。目前该平台课程建设仅涉及 2023 级风景园林一级，平台教学资源数据见表 4.2。

图 4.4　超星学习通《园林植物学》线上课程界面

（资料来源：超星学习通）

表4.2　《园林植物学》线上教学平台资源建设数据

（资料来源：作者自绘）

教学平台	资源类型	数量	说明
超星学习通线上教学资源建设	视频	21个	各章节课前预习微课视频+重点章节讲解微课视频
	试卷库	8套	覆盖课程大纲，题型多样，考察全面的试卷训练
	作业库	54个	贯穿课程教学过程的平时作业训练
	课程资料	40份	论文、图册辅助课程教学，拓宽学生学习思维
	课程网址		https://mooc1-1.chaoxing.com/mooc-ans/mycourse/teachercourse?moocId=217390732&clazzid=73762479&edit=true&v=0&cpi=53996733&pageHeader=0
教学平台	资源类型	数量	说明
微助教智慧教学系统线上教学资源建设	课件	19个	各章节课前预习微课视频+参考资料+教学文件
	在线学习	18次	可监测学生对所有章节对课程资源的学习时长
	单题	123个	覆盖课程大纲、题型多样、对知识目标、能力目标和价值目标进行全方位考察的课前预习和课后复习习题
	讨论	10次	用于对应课堂知识的引入
	点答	44次	对应需要进行深入思考的知识点设置
	备课	19次	对应所有教学章节的教学环节设计
	考试	1次	中期线上测试
	课程网址		http://kcpt.lpssy.edu.cn/classes/17914

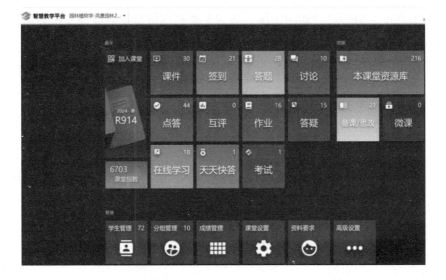

图 4.5 智慧教学平台《园林植物学》线上课程界面
（资料来源：智慧教学平台）

2.线上课程教学过程

在开展线上教学资源建设前，教师应进行学情分析，针对分析结果，在资源建设过程中有针对性地设计教学活动。首先，教师应根据表 3.1 所展示的课程内容，合理安排教学进度，并转化为课程建设框架。然后根据教学进度在对应章节学习前，通过录制预习微课视频上传在线平台的形式提出课程学习重点、难点，设置对应的预习习题任务用以评价学生的预习效果，教师应对学生的预习任务完成情况进行监督，同时鼓励学生使用答疑功能对预习中遇到的问题进行在线提问。教师课前需将概念性的内容放置在微课中，由学生课前自行学习和消化，线下课堂则可以预留较多时间来重点解决章节重点、难点、疑点问题。线下教学开始前，授课教师需将预习习题完成情况、题目解答结果、答疑问题等做好整理，并根据平台数据判断教学对象在预习中重点存在的问题，在线下教学中应针对这些问题涉及的知识点进行重点教学。线下课堂教学中主要利用在线平台的互动功能，如学习通平台的签到、随堂练习、投票、主题讨论、小组任务等，微助教智慧教学系统的签到、讨论、点答、抢答、答疑、天天快答等进行互动教学，引导学生进行参与式学习，让学生真正成为学习活动的主体。课后主要利用教学平台发布章节复习题和课后作业，以评价学生在课程学习中在知识目标、能力目标和价值目标上的达成情况。并在下一次的线下课堂上将前一章节的复习题进行分析讲解，对错误率较高的题目关联的知识点进行重点复习。

3.线上课程教学成果

学生在学习通平台进行在线学习数据见图4.6、4.7、4.8。从图可以看出自2020年开始在学习通自建课程，2020级、2021级、2022级风景园林专业学生在线学习的进度、时长都是呈现递增趋势，说明线上课程资源的建设在逐步完善、成熟。2023级风景园林学生学习本课程时，由于更换了线上教学平台，授课教师需要重新研究平台功能、根据平台服务重新进行线上教学的设计，缺乏对比数据，仅有部分数据，见图4.9，课程资源的建设上也还有很大的空间。但是从总体上看，本专业学生已经越来越能够接纳和适应"线上+线下"的混合式教学模式。

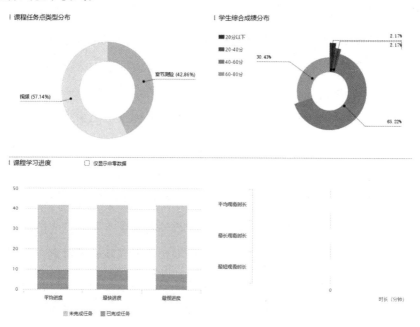

图4.6　2020级风景园林《园林植物学》线上学习统计数据
（资料来源：超星学习通）

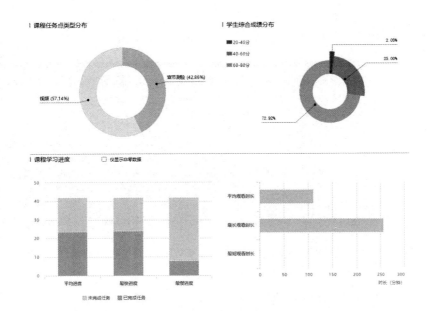

图 4.7　2021 级风景园林《园林植物学》线上学习统计数据

（资料来源：超星学习通）

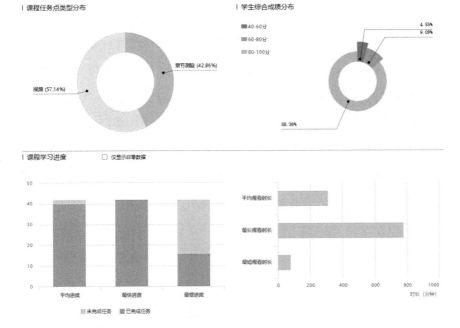

图 4.8　2022 级风景园林《园林植物学》线上学习统计数据

（资料来源：超星学习通）

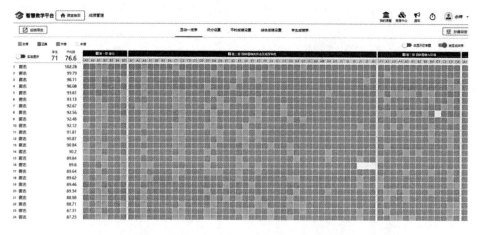

图 4.9　2023 级风景园林《园林植物学》线上学习部分统计数据

（资料来源：智慧教学平台）

4.线下教学模式改革成果

《园林植物学》在进行教学改革前，线下教学活动主要以教师、教材、教室为主，教学方法也是单一的讲授法形成的"教师讲，学生听"，教师主导所有的教学活动，并且教学过程中基本不存在教学设计的意图，教学活动主要以讲解清楚知识点为主，并没有深度研究如何进行有效的活动设计，可以让学生达到更好的教学效果。有了教学改革的意识后，通过学习教学改革案例、现场观摩、参加教学工坊等，逐步构建起"BOPPPS+1"模式，即课程导入（B）、学习目标（O）、预评估（P）、参与式学习（P）、后评估（P）和总结（S）以及课后拓展提升（+1）组织教学，具体模式见图 4.10。即线下教学活动开始时，教师通过视频、动画、故事、问题以及热门话题等各种方式进行导入；然后明确知识、素养和技能教学目标；结合线上预习以及学生完成预习任务的情况，评估学生自学成果，以前测结果反映出的该节课的重难点辅助课堂教学；教学过程中采用翻转课堂、雨课堂、线上教学平台的互动功能如点答、抢答、投票、快答等，使学生积极地参与到课堂教学活动中来；完成教学内容后，教学中采用设置随堂测验题目或讨论等教学活动，验证课堂教学效果；最后以思维导图加强对课程知识的巩固。课后通过线上章节复习题、植物打卡、实地调研等活动进行教学内容的拓展和提升。

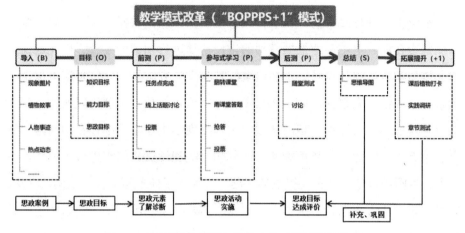

图 4.10 《园林植物学》教学改革后线下教学模式
（资料来源：作者自绘）

5.教学内容的线上线下时间分配

课程总学时应包括课堂学时和课外学时，目前的"学时"一般情况下指的是课堂学时。《园林植物学》课程作为风景园林专业的核心基础必修课程，在其他开设有风景园林专业的高校中，该课程一般拆分为《树木学》和《花卉学》两门各48学时的课程，且配备独立的实践周。因我校风景园林专业以培养应用型工程人才为目标，要留出大量时间让学生到企事业单位一线进行实习实践，因此《园林植物学》课程课时被缩减为48学时，且无独立的实践周。因此本课程采用线上+线下混合式教学不仅是为了培养学生的创新思维和实践能力，增强学生学习的参与度和主动性，也是充分利用现代信息技术手段，充实和丰富课程内容，扩大学生的学习空间和时间，有效提高教学效率和质量。因此在本课程的混合式教学中，线上课程完全作为横向延伸学习时长的课外学时，设定线上课程学时占总学时比例的1/3，即16学时，线下教学学时（涵盖实践环节）仍为48学时。

（五）教学方法改革

本课程未进行改革前，教学方法上主要以多媒体讲授为主，学生的学习方法则为在课堂上被动地根据教师的讲授活动进行知识的接收，以完成课后作业作为知识的内化途径。这种传统的教与学的方法虽然一定程度上保证了知识的系统性和完整性，但是也存在着过度依赖教师，重理论轻实践，学生对教学过程的参与度低，难以从教学过程发现学生在学习中存在的问题、痛点、难点等。因此《园林植物学》课程的教法和学法也同步进行了改革。总体上，教师的教学方法在讲授法的基础上，加入了任务驱动法、案例教学法、启发式教学法、现场教学法、翻转课堂、实验教学法等，学生的学法上则转变为主动学习、探究式学习、合作学习、项目式学习等。其中线上教学部分主要采用任务驱动法进行，即课前以教师录制微课+布置预习习题+设置问题讨论作为课前任务以驱动学生进行课前预习和对基础概念的自学，课中利用线上教学平台互动功能，以问题、习题等引导学生参与教学过程，课后则利用线上布置复习习题、课后作业等进行知识的回顾、应用等。线下教学方法则转变为重点推进翻转课堂、启发式教学、专题式教学和多元化教学，教学中将运用任务驱动、现场教学、案例教学等方式，通过问题导入、重点讲解、案例教学、现场教学、翻转课堂等方法，将学习的主动权交予学生，达到了较好的学习效果。表4.3以《第三章 园林植物与环境》中的《第一节 园林植物与光照》为例，阐述了本课程教学改革后在一节45分钟的课程中课前、课中、课后三大环节，针对不同的教学目的和教学活动采取了不同的教学方法来进行的教学设计。图4.11、图4.12、图4.13、图4.14则展示了本教学案例在课前、课中、课后的部分数据。

表 4.3 《园林植物与光照》教学设计及方法

（资料来源：作者自绘）

环节	知识点	教学活动	教学目的	教学方法
课前	1.环境的概念 2.生态因子概念 3.生态学习性概念 4.光照强度概念 5.光补偿点概念 6.光饱和点概念 7.光周期概念 8.光照强度对园林植物影响的分类 9.光周期对园林植物影响的分类	授课教师录制10min左右的预习微课，要求学生进行在线预习	驱动学生主动了解课堂内容，学习和掌握概念性内容	主动学习法
		设置课前预习任务点，要求学生带着任务进行在线学习，完成课前预习	驱动学生进行课前预习和评价预习成果	任务驱动法
		在微课对应位置提出以下讨论和思考题： ①讨论题：下图为拍摄于朝阳校区保卫处前的一处景观，请根据图中植物形态，判断照片拍摄的季节，并在教师开放的讨论中进行回复并给出判断的理由。 ②思考题：圆柏的树形、八仙花的花色、路灯下的植物为什么产生了差异变化？ ③思考题：以下两种植物对光照强度的需求如何？你是如何判断的？ ④思考题：你认为了解园林植物对光照强度以及光照长度的不同需求，对景观设计有何帮助？	为在线下课堂引出环境因子对植物具有重要影响	探究式学习法

环节	知识点	教学活动	教学目的	教学方法
课中	第四周打卡植物——二乔玉兰形态特征、生态习性、园林应用、与白玉兰和紫玉兰的形态区别、植物文化	随机提问：请学生描述打卡植物的学名、科属、形态特征等信息。	对打卡植物主要特征进行回顾	复习谈话法
	影响园林植物生长的环境因子	课程导入：通过在线教学平台的讨论功能对课前提出的讨论题①进行词云展示，引导学生共同分析异常物候现象的本质原因是受到环境因子中温度的影响。	从身边案例引出会影响园林植物生长的环境因子	案例教学法 问题探究法 讨论法
		通过在线教学平台的点答功能提问课前预习微课视频中提出的思考题②。	引出会影响园林植物生长的环境因子包含了光照、温度、土壤等	
	阳性植物（喜光植物）的特征、空间位置、植物类别、代表植物	1.展示一处植物群落，要求学生观察群落植物的结构并思考原因。2.讲授阳性植物、阴性植物、中性植物的特征、空间位置、植物类别、代表植物。	研究光照强度对园林植物的影响	问题探究法 讨论法 讲授法
	阴性植物（喜阴植物）的特征、空间位置、植物类别、代表植物			

环节	知识点	教学活动	教学目的	教学方法
	中性植物（耐荫植物）的特征、空间位置、植物类别、代表植物			
	植物形态与光照强度需求的一般规律	1.通过在线教学平台的点答功能提问课前预习微课视频中提出的思考题③。2.讲授植物形态和植物的光照强度需求规律关系。	以植物形态的一般规律判断园林植物的光照强度需求	案例教学法 问题探究法 讨论法 讲授法
		通过在线教学平台的点答功能以案例植物验证总结出植物形态与光照强度的规律。	评价学生运用规律解决实际问题的能力	案例教学法
	长日照植物的条件、特征、代表植物	随机提问：园林植物呈现出不同季节有不同形态，除了受到温度影响外，还受什么环境因素影响？	研究光照时长对园林植物的影响	
	短日照植物的条件、特征、代表植物			讲授法
	中性植物（日中性植物）的条件、特征、代表植物			

环节	知识点	教学活动	教学目的	教学方法
	植物的乔灌草群落结构 节日花坛 植物花期调控	通过在线教学平台的点答功能提问课前预习微课视频中提出的思考题④。	1.培养学生对知识的应用能力 2.衔接后置课程《园林植物应用》	案例教学法 问题探究法 讨论法
课后	光照强度对园林植物的影响 光周期对园林植物的影响	通过线上教学平台发布课后复习任务点	1.评价学生对本节知识点的掌握和应用能力 2.进一步巩固本节知识点	问题探究法

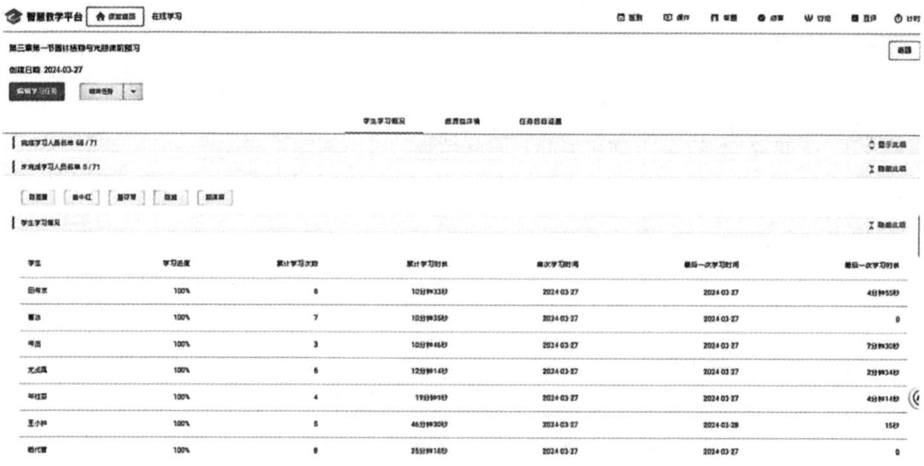

图 4.11 《园林植物与光照》课前预习微课完成数据

（资料来源：智慧教学平台）

高校植物景观类课程教学改革研究及实践

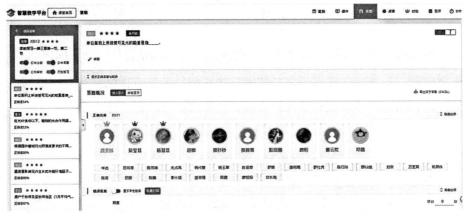

图 4.12 《园林植物与光照》课前预习任务点完成数据

（资料来源：智慧教学平台）

图 4.13 《园林植物与光照》课中采用案例教学法的教学展示

（资料来源：多媒体及智慧教学平台）

图 4.14 《园林植物与光照》课后复习任务点完成数据

（资料来源：智慧教学平台）

（六）多途径加强课程实践环节

前文已论述过《园林植物学》课程中实践环节的重要性、现状问题和4种加强途径。本课程在通过多途径加强课程实践环节这方面已经具有一定的成果，表4.4展示了贯穿课程整体内容框架的实践活动项目设置。

表4.4 《园林植物学》课程教学实践活动一览表

（资料来源：作者自绘）

序号	实践活动类型	对应课程内容	实践活动描述	能力培养
1	课堂教学过程中穿插的实践环节	园林植物的根	授课教师将自己养护的多肉植物、芦荟、带根系的小草以及具有直根系的小树苗实物带到课堂，通过让学生进行实物观察后，以抢答的形式让学生对两种根和根系进行形态上的区分总结，最后将植物作为小奖品赠送给学生，既完成了知识难点的消化，又有效提升了课堂氛围和教学效果，见图4.15。	观察能力知识运用
2		园林植物的叶	课前要求学生采集校内外不同形状、颜色、种类的植物叶片带到课堂，教师在讲授叶脉、叶片组成、叶形、叶序、叶裂、单叶、复叶等知识时，要求学生对照已经学习的理论知识，分析并判断自己所采集的植物标本，见图4.16、图4.18。	
3		园林植物的花	课前要求学生采集校内外不同种类的植物的花带到课堂，教师在讲授花的组成、花冠类型、花序类型、花相等知识时，要求学生对照已经学习的理论知识，分析并判断自己所采集的植物标本。	

序号	实践活动类型	对应课程内容	实践活动描述	能力培养
4		园林植物的果实和种子	课前要求学生采集校内外不同种类的植物的果实带到课堂，教师在讲授果实的类型的知识时，要求学生对照已经学习的理论知识，分析并判断自己所采集的植物标本。	
5		园林植物与环境	课后要求学生在校内外观察因环境因素造成的景观效果较差的节点，并分析判断出具体的影响因素，提出改进提升的措施和策略，见图4.17。	知识运用 分析问题 知识应用
6		园林树木类各论——乔木、灌木	将各论中树木类具体要学习的植物的科属、形态特征、生态习性、园林应用信息全部放在在线学习平台的课前预习微课中，课堂上重点解决预习中的疑点、难点问题，然后将课堂移动到室外，进行对应植物的现场实践教学，以加强学生理论联系实际的能力。	知识运用
7		园林花卉类各论——二年生花卉、宿根花卉、球根花卉	1.将各论中花卉类具体要学习的植物的科属、形态特征、生态习性、园林应用信息全部放在在线学习平台的课前预习微课中，课堂上重点解决预习中的疑点、难点问题，然后将课堂移动到室外，进行对应植物的现场实践教学。 2.在学习球根花卉之前，提前将风信子、水仙种球分发给学生进行养护，要求他们自行查找植物的生态习性、养护要点并主动解决养护中出现的各种问题。在学习球根花卉章节时，要求学生将养护的植物带到课堂进行评比，见图4.19、图4.20、图4.21。	信息搜集 观察能力 发现问题 解决问题

序号	实践活动类型	对应课程内容	实践活动描述	能力培养
8		课程全部章节	植物打卡：每周课程结束后，设置"每周植物打卡"作业，由授课教师拍摄校内具有代表性的西南地域植物的图片，要求学生根据图片线索找到该植物，通过观察植物实习形态，运用课堂理论、植物鉴别APP、植物鉴别网站等对植物的学名、科属、形态特征、生态习性、园林应用等进行判断，并拍摄现场鉴别植物的照片上传至线上教学平台，见图4.22。	主动观察 分析问题 解决问题 使用现代工具
9		课程主要章节	翻转课堂：将全班按照给定的内容主题划分为10个小组，每组在一二年生花卉、宿根花卉、球根花卉、乔木、灌木、藤本、植物按照园林用途分类、植物按照观赏部位分类、植物的叶、植物的花共10项内容中分别认领一项，根据授课教师给定的任务提纲进行理论知识的搜集整理、对应类别植物的观察判断，并形成多媒体课件，在学习对应章节的内容前，负责该部分内容的小组进行课前汇报，其他同学先进行评价，授课教授根据评分标准进行评价后对该组内容进行点评以及错误纠正，见图4.23。	团队协作 职业素养 解决问题 使用现代工具
10	集中实践环节	综合课程全部内容	在所有课程内容学习结束后，集中安排一次实践，对校内及附近区域的常见园林植物进行辨识，同时带领学生对校内外代表性的植物景观节点进行分析，并现场提出提升策略，见图4.24。	职业素养 解决问题 知识应用

序号	实践活动类型	对应课程内容	实践活动描述	能力培养
11	与其他实践课程衔接的实践环节	综合课程全部内容	对接后续《风景园林野外实习》课程，对园林植物专项提出考察要求，并在实习报告中形成植物专项的调查成果，可有效延续《园林植物学》的研究、学习和实践成果，见图4.25。	知识运用 使用现代工具
12	与第二课堂衔接的实践环节	综合课程全部内容	与大学生创新创业项目、三下乡社会实践、校内社团活动等联合，申报以《园林植物学》课程内容为主要研究对象的项目及活动。以及授课教师组织"趣味植物知识竞赛"活动，动员各年级组队参加竞赛，见图4.26、图4.27。	团队协作 知识应用 沟通交流

图 4.15　线下课堂实践小活动　　　图 4.16　线下课堂实验法观察植物形态
（资料来源：作者自摄）　　　　　　（资料来源：作者自摄）

作业名称　受环境因子影响的植物组团及提升方案

提交截止时间　2024-04-07 00:00

超时提交　不允许

章节　第三章 园林植物与环境

1、请在校内外找到一个因环境因子不合理造成植物景观效果受到影响的植物组团，对现有景观效果进行简要说明，并判断组团内植物的名称，然后提出植物组团改造方案，并做出展示和说明。

2、作业形式：植物组团现状需要拍摄照片，并配以文字分析。改造方案可灵活采用手绘、办公软件或专业软件等进行途径，展示样式没有固定模板，能够清晰表达改造效果即可。

作业内容　3、要求：所选植物组团可以比较简单，但是前提是受到环境条件影响，非人为影响。

4、评分项目：

- 所展示的植物组团景观效果较差的主要原因是受到环境因子的影响，并正确分析出主导因子。（30分）
- 对植物组团的景观效果分析合理、植物名称判断正确。（20分）
- 植物组团改造方案合理，改造说明逻辑清晰。（50分）

图 4.17　环境因素影响植物组团的实践活动作业

（资料来源：智慧教学平台）

图 4.18　线下课堂实验法观察植物形态
（资料来源：作者自摄）

图 4.19　球根花卉—风信子形态观察
（资料来源：作者自摄）

图 4.20　球根花卉—水仙形态观察
（资料来源：作者自摄）

图 4.21　球根花卉—水仙养护评比
（资料来源：作者自摄）

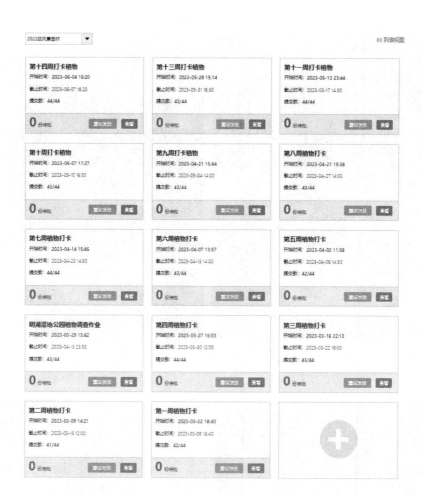

图 4.22　线下每周植物打卡实践学习通界面
（资料来源：超星学习通）

图 4.23　翻转课堂实践汇报现场
（资料来源：作者自摄）

图 4.24　校内辨识植物集中实践
（资料来源：作者自摄）

图 4.25 《风景园林野外实习》植物园专项考察
（资料来源：作者自摄）

图 4.26 "趣味植物知识竞赛"现场
（资料来源：作者自摄）

图 4.27 期末"趣味植物知识竞赛"活动合影
（资料来源：作者自摄）

（七）考核方法改革成果

课程考核方式是一门课程衡量学生学习成效的重要途径和方式。通过合理的考核方式得出的评价结果，有助于了解学生是否达到专业人才培养目标、毕业要求和课程目标。同时合理的课程考核方式对落实新的教学理念、适应社会需求、激发学生学习积极性、促进教学质量提升都有着重要意义。

本课程未进行教学改革前，考核方式完全由线下教学活动部分组成，包括 30%平时成绩（课堂表现、认知实习报告、植物观察日记）+70%期末闭卷考试，造成一张试卷定终身的局面，学生只注重期末突击复习，而忽略过程性学习。进行改革后，课程评价由线上学习成绩评价和线下成绩评价两大部分构成，而线下成绩又包含过程性线下成绩，如翻转课堂、课堂教学活动参与、每周植物打卡、植物认知实践表现和期末闭卷考试评价，闭卷考试成绩比例也下降为 40%，围绕着"以学生为中心，以主动学习和应用能力培养为目标，全过程、多维度"进行考核体系的构建，见表 4.5。

表 4.5　《园林植物学》课程考核体系

（资料来源：作者自绘）

评价类型	评价项目		评价指标	评价方法	评价时间	分值占比
诊断性评价	摸底测试		课程内容了解程度	教师评价学生自评	课程开始前	2%
过程性评价	线上考核	章节预习	章节预习题目完成度和正确度	教师评价	各章节前	5%
		课中参与讨论、提问、抢答等	课中教学活动参与度和正确度	教师评价	随堂	5%
		章节复习	章节复习题目完成度和正确度	教师评价	各章节后	5%
		课程资料学习	课程资料学习次数	教师评价	全过程	5%
		期中测试	理论知识的识记、理解和应用程度	教师评价	课程过半	10%

评价类型		评价项目	评价指标	评价方法	评价时间	分值占比
线下考核		考勤	出勤率	教师评价	每次课前	3%
		每周植物打卡	打卡植物学名、植物信息准确度	教师评价	每周课后	10%
		小组翻转课堂	团队协作氛围、主题任务完成效果	教师评价组间互评组内互评	指定章节前	5%
		校内植物调查报告	对常见园林植物基本信息掌握程度，植物类别划分准确度	教师评价生生互评	第七章结束后	5%
		植物景观节点分析	对环境的观察能力，对理论知识的灵活应用程度	教师评价生生互评	第八章结束后	5%
终结性评价		期末测试	理论知识的识记、理解和应用程度	教师评价	结课后	40%

　　同时改革后，课程考核评价主体不再只是教师一人，加入了组内成员互评、学生自评的环节，使课程考核评价组成更科学、更丰富、更合理。在平时考核的过程中，还要采取多种手段，保证考核的公平性以及公正性，同时提高学生对课堂学习以及实践教学的重视程度，使其投入更多的时间和精力用于专业课程的学习中，在学校、教师以及学生三方共同的努力下，促进应用型人才的养成。最终在课程考核方式改革后，成绩组成及占比为：总成绩100%=诊断性评价（2%）+过程性评价（58%）（线上学习15%+课堂活动5%+期中测试10%+考勤3%+每周实物打卡10%+小组翻转课堂5%+校内植物调查

报告 5%+植物景观节点分析 5%）+ 期末闭卷考核（40%）。后文对本课程进行的课程考核方式改革过程、成效等还有进一步的论述。

六、《园林植物学》改革效果总结评价

自《园林植物学》课程从教学理念、教学内容、教学模式、课程考核方式等方面开展课程改革后，授课教师注重从教学对象处获得课程效果的反馈，每学期教学工作结束后，通过超星学习通或问卷星发放问卷调查，获取学生对本课程的教学效果评价，并且结合学生评价结果反向持续改进课程教学。

在2021-2022学年第二学期的《园林植物学》期末课程总结和分析会上，授课教师运用问卷星通过问卷调查的形式获取了2021级风景园林专业学生对《园林植物学》的教学评价，问卷填写人数为33人，占到学生总数的78%。90.9%的学生认为该课程实用性强，81.8%的同学认为该课程的教学组织很好地调用了学习积极性，97%的同学认为该课程的教学组织得很好，授课教师教导有方，具体评价结果见附录1。

在2022-2023学年第二学期的《园林植物学》期末课程总结和分析会上，运用学习通问卷功能，获取2022级风景园林专业学生对《园林植物学》的教学评价，问卷参与人数为34人，占到学生总数的77.2%。97.1%的同学认为该课程很有用，在课程中学到的东西对今后的学习、工作和生活会有很大帮助，94.2%的同学认为该课程的教学很好地激发了学习兴趣并调动了学习积极性，100%的同学认为课程的教学组织得较好。在2023—2024学年第二学期的《园林植物学》期末课程总结和分析会上，运用问卷星获取了2023级风景园林专业学生对《园林植物学》的教学评价，问卷参与人数为62人，占课程总人数的88.6%。98.4%的同学认为该课程很有用，在课程中学到的东西对今后的学习、工作和生活会有很大帮助，98.4%的同学认为该课程的教学很好地激发了学习兴趣并调动了学习积极性，100%的同学认为课程的教学组织得较好。

根据学校教务系统中近三年学生对本课程的教学评价结果可以看出学生

对课程满意度较高，见图4.28。领导和同行对本课程的教学评价也处于学院教师排名前列。从各方评价来看，总体上《园林植物学》课程教学取得了一定效果，学生满意度较高，但是也提出了课程改进的建议，认为该课程对今后的达到的部分集中在教学设计、课程知识安排等方面，对课程建议上体现在对课程实践的需求上。

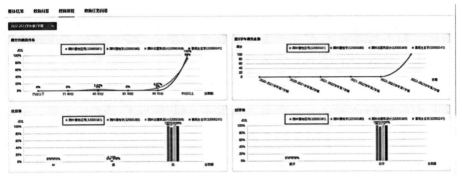

图 4.28   教务系统《园林植物学》教学评价
（资料来源：学校教务系统）

七、结论

综上所述，地方应用型高校需要顺应行业的变革趋势，对专业课程进行科学合理的教学变革，以应用型人才的有效培养作为变革的主要方向和目标，提高整体教学成效的同时，发展学生专业能力、实践技能以及职业素养。《园林植物学》是我国地方应用型高校风景园林专业的必修课程之一，也要顺应教育制度的改革趋势，对教学内容、考核方式、课程思政内容融入等进行变革，教学内容上应凸显区域和学科特色，同时能够引导学生重视课程实践，培养实践能力和创新思维；教学过程要加强混合式课程改革，实现线上和线下教学相融互补；考核方式要能全面、客观地反映学生的学习效果，并能够从中得到有关教师教学质量和效果的反馈，从而不断提高教学水平，实现专业人才培养目标。

第二节　地方高校《园林植物学》考核方式改革

实践研究

　　随着经济全球化、科学技术的进步和知识的快速增长，社会对人才的需求也发生了巨大的变化。传统的教育模式已经不能满足现代社会多元化素质需求的要求，教育改革成为必然选择。同时在一些国家或地区，教育质量下降已成为公众关注的焦点。学生缺乏创新精神、应对能力差、学习兴趣不高，教育改革势在必行。课程考核是检验教学成果和人才培养质量的重要手段，是保障教学质量的关键环节。《园林植物学》作为风景园林专业基础课程，原有的考核方式重终结性闭卷考试，轻过程性考核，导致一张试卷定终身，无法达到对学生知识运用能力和素质方面的评价。本项目通过研究 2013 级—2017 级风景园林专业课程考核方式及考核结果，总结出考核方式中存在的突出问题。加之自 2020 年开始因疫情原因掀起的线上课程教学热潮，以及响应高等学校课程思政建设工作，本课程通过不断调整教学目标，进行教学内容和课程思政改革，最终形成较为完整的《园林植物学》教学体系，基于这样的教学体系设计，课程考核方式也从 2018 级—2022 级在不断进行改革和建设，探索出诊断性评价、过程性评价和终结性评价三大评价类型，十二个评价项目的考核评价体系构建，并对课程考核方式改革后的特色和成效作出了说明。对本课程考核方式进行改革，是提高教学质量，培养有扎实专业知识与技能、有温度、有情怀的人居环境建设者的必然要求，也以期为后期进行一流课程建设等工作奠定基础。

　　依托本课程实施的课程考核方式改革在 2019 年获得校级课程教学方式改革项目立项，课题编号为 LPSSYkckhfsgg01，目前已经顺利结题，以下为针对《园林植物学》的课程考核方式改革研究进行论述。

一、概述

一直以来，传统教育注重以教师为中心的知识的灌输，学生在教学活动中处于被动接受的地位，并且传统的教育评价方式主要以终结性考核为主，主要考核形式则多为闭卷考试，侧重考察学生的记忆力和应试能力，对教学效果的过程性考核很少或者仅以出勤、平时作业或者课堂表现进行评价。传统教育中许多教师的教学方式非常陈旧，采用的基本是教师教、学生学的模式，一套教学文件可以多年使用，很少注重内容更新，也较少参加教学能力提升的培训。近年来，《新时代全国高等学校本科教育工作会议上的讲话》《关于加快建设高水平本科教育全面提高人才培养能力的意见》等文件中，多次强调高校应以学生发展为中心，通过教学改革促进学习革命，积极推广小班化教学、混合式教学、翻转课堂，大力推进智慧教室建设，构建线上线下相结合的教学模式。因课制宜选择课堂教学方式方法，科学设计课程考核内容和方式，不断提高课堂教学质量。积极引导学生自我管理、主动学习，激发求知欲望，提高学习效率，提升自主学习能力。

现代教育改革强调以学生的学习和发展为中心，实现从以"教"为中心向以"学"为中心的转变，从"传授模式"向"学习模式"的转变，从原本的"教师、教材、课堂"向"学生、收获、体验"递进，强调跨学科、探究性学习和实践操作能力的培养，提高学生的学习兴趣和适应能力，从而提高学生的学习质量，并全面提升学生的知识、能力和素质。在评价方式上注重动态评价和终结评价结合的多种评价方式，也更加注重考察学生的创新思维、动手实践和解决问题的能力。

教育改革是社会发展的客观需求，是一项综合性系统工程，目前教育改革主要集中在课程改革、课程考核评价改革、教师教学能力培养、教育管理改革等方面。其中，课程考核是检验教学成果和人才培养质量的重要手段，是保障教学质量的关键环节，不仅可以有效验证教学目标的达成，并且也是教师持续进行教学活动改进的依据。因此，课程教学内容改革、教学模式改革的同时，课程考核方式也应有针对性地进行改革。本项目以西南地方高校风景园林专业开设的《园林植物学》课程为例，探索在现代教育改革背景下的以学生为中心的课程考核方式的改革经验及成效。

二、《园林植物学》课程考核方式改革过程

（一）改革前课程考核方式

《园林植物学》课程自 2013 年专业建立开始就已经开设,在 2019 年以前,本课程教学内容除了包含绪论、园林植物形态与观赏特性、园林植物与环境、园林植物的分类、乔木、灌木、一二年生花卉、宿根花卉、球根花卉之外,还包含了园林植物应用部分的内容,教学内容庞杂,细节知识点较多,教学中主要采用的是传统的"教师讲,学生学"的模式,相对应的课程考核侧重于对园林植物基础知识的识记、理解,因此课程成绩组成主要由平时成绩和期末闭卷考试成绩组成,平时成绩则主要由出勤率和平时作业组成,平时作业包括植物观察日记、校园植物调查报告、简答题等。该课程的最终成绩=30%平时成绩（考勤成绩占 10%+三次平时作业成绩占 20%）+70%期末闭卷考试成绩。通过调阅 2013 级—2017 级闭卷考试试卷,试卷题型及分值分布见表4.5。

表 4.5　2013 级—2017 级风景园林《园林植物学》闭卷考试题型及分值分布

（资料来源：作者自绘）

序号	上课年级	第一题	第二题	第三题	第四题	第五题	第六题
1	2013	名词解释 10分	填空题 30分	判断改错题 10分	识图题 10分	简答题 20分	综合题 20分
2	2014	名词解释 10分	选择题 30分	填空题 20分	识图题 10分	简答题 20分	综合题 10分

序号	上课年级	第一题	第二题	第三题	第四题	第五题	第六题
3	2015	名词解释 10分	选择题 30分	填空题 20分	识图题及连线题14分	简答题 18分	综合题 8分
4	2016	名词解释 10分	填空题 20分	选择题 30分	判断改错题 10分	简答题 20分	综合题 10分
5	2017	名词解释 10分	填空题 20分	选择题 30分	绘图题 15分	简答题 15分	综合题 10分

《园林植物学》闭卷考试试卷总分为100分；其中主观题题型为：名词解释、简答题、分析题等；客观题题型为：填空题、选择题、判断题、画图题等。结合表4.5数据，笔者绘制了2013—2017年《园林植物学》试卷主客观题分值变化折线图，即图4.29，可看到课程考核方式改革前历年的闭卷试卷中考察学生对知识识记能力的客观题占比更大，而考察学生对知识理解、应用的主观题占则比较小。

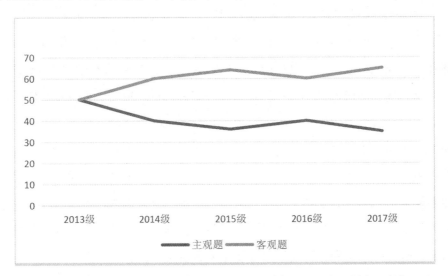

图4.29 2013—2017级风景园林《园林植物学》试卷主客观题占比变化

（资料来源：作者自绘）

（二）改革前课程考核方式突出问题

1.考核评价方式未体现课前诊断性评价、主动学习评价

《园林植物学》作为专业基础课程，内容多课时少，教学强度大，而课程考核方式是与课程教学内容、教学模式对应的，在进行课程考核方式改革之前，教师主要采用的是传统的教学方式，习惯于把知识合盘"端给"学生，即强调的是"学会"，体现的是"以教育者为中心"的思想，突出的是教师的教，弱化的是学生的学，忽视了学生学习主观能动性的调动及能力的培养，学生接受能力有限，这违背了教师主导、学生主体的现代教育观。在课程考核内容中也没有体现学生课前学习、主动学习的部分，因此造成学生的学习驱动性不强。同时，《园林植物学》课程作为开设在大一下学期的专业基础核心课程，学生进校时间短，对本专业的了解非常有限，还没有摆脱高中时期的学习习惯，但是教师在课前并没有针对性地进行课前的诊断性评价，并根据得到的分析结果安排教学内容，进行教学设计。这种诊断性评价也没有在课程考核方式中有所体现。

2.过程性考核方式单一，无法客观评价学生的过程性学习成果

考核方式改革前，《园林植物学》的过程性考核主要依靠考勤和3次平时作业的完成情况。而部分平时作业的设置，如植物观察日记，对学生的持续观察、探究问题、自主学习的能力有一定的评价，但是大部分平时作业的评价项目并没有对学生课前学习、课中参与课堂教学活动、课后主动研究有挑战度、高阶性、创新性内容等方面的评价。在进行课程考核方式改革之前，教师更加关注每节课的教学内容是否如期完成，虽然教师在课程教学过程中也会通过提问的方式让学生参与到教学活动中，但是因内容多课时少，学生在教学活动中的参与程度非常有限，且教师仅通过学生回答问题的情况进行口头评价，并未将课堂活动纳入课程考核评价中来。并且作业的设置没有与课程的教学目标对应，因此原有的过程性考核评价无法客观地反映学生的学习效果和课程目标的达成情况。

3.闭卷考试试卷成绩占比大，主观题与客观题比例设置比不合理

考核方式改革前，《园林植物学》期末闭卷考试成绩占比可达总成绩的70%，比重过大，造成学生更加关注期末在短时间内完成大量的理论知识复习和记忆工作，而对平时成绩不够重视，认为课后自己看完书也可以通过考试并且取得高分，造成一张试卷定终身的局面，达不到课程教学要达到的能力和素质目标。并且从表2数据分析结果可以看到，历年来试卷题型中以考察知识识记的客观题占比更大，而能反映学生对问题进行分析、解答的主观题占比较少，进一步驱使学生习惯于对知识点死记硬背，这与专业课程应培养运用基础知识去解决复杂工程问题的人才培养目标相去甚远。

4.缺乏课程考核评价标准和其他评价类型

本课程考核方式改革前，教师作为课程评价的绝对主体决定着考核评价项目、评分标准、考核评价的实施等，除了期末闭卷考试会按照学校要求制定较为详细清晰的评分标准外，平时成绩的考核项目评分规则比较简略甚至没有规则，而学生作为被考核评价的对象，大部分时候仅从作业任务书或者通过教师口头传达了解考核项目内容，对评分标准和规则了解很少。因此教师在进行平时作业评分时，就会存在没有规则限制而给分比较随意，学生仅能知晓得分多少，而无法得知得分、失分的原因，这违背了进行平时作业训练的真正目的：检查课程学习效果，评判是否达到教学目标，并根据作业训练成果达成反向分析学习中未达标的部分和原因，进一步提高学习效果。并且课程考核评价仅有教师对学生通过考勤、作业、考试等的单向评价，缺乏生生互评，并且学生对教师和本课程的评价仅通过每学期期末学校开放的评教系统进行，评价题目没有针对性，均为统一模板，这对任课教师通过学生评价获取教学反馈，并进一步改革教学内容、优化教学方法和考核方式等帮助不大。

5.缺乏考核评价反馈机制

研究表明，及时对活动结果进行评价并将结果反馈给评价对象，可以强化活动动机，对工作起到促进作用。学生学习亦是如此，学生考核结果反映了其学习效果和学习能力等，及时将考核结果反馈给学生既能让学生更加清晰地看到自己的不足，也能让老师及时调整教学方案。然而目前期末终结考试的方式，课程考完即结束，无法交流反馈。教学活动也是这样，考核结果反映了其学习效果和学习能力等，如果学生能够及时获取考核评价标准、评价结果，并能在教师的指导下分析导致考核结果较差的原因，学生就能更清晰地认识到自己在本门课程学习上的不足，及时进行查漏补缺或者调整学习方法、学习状态，教师也能根据结果反馈调整教学活动。但是目前《园林植物学》的考核活动以期末闭卷考试结束即完成，过程性考核活动大多也都以学生提交作业，教师批改作业，学生查询分数而结束，学生无法及时获取有效的评价结果反馈。

评判学生对一门课程的学习效果是否达到了预期的课程目标，就必须通过考核来进行评价。课程考核作为教学活动的重要环节，决不能只是活动的最后一环，而应该利用考核结果对整个教学活动起到反向验证，并以此进行持续改进。因此积极探索本课程考核方式的改革，对调动风景园林专业学生对《园林植物学》学习的积极性和主动性，提升课堂教学效果，激励学生课外自主学习，提高他们的综合学习能力和团队协作能力，有效达到预期的培养和教学目标，全面客观地评价学生的学习活动与学习效果具有至关重要的意义。

三、《园林植物学》课程考核方式改革方案

（一）课程考核方式改革的目标

本课程改进课程考核方式的目标主要有四个方面：一是要合理设置考核项目，要有利于激发学生课前学习、自主学习以及解决实际问题的能力，弱化对知识的死记硬背，注重考察学生对知识的综合运用能力；二是能督促学生及时巩固所学知识，强化学业过程中的学习成效评价，重视学生个性的发

展、创新能力的培养以及团队协作精神；三是改革后的考核方式可以促进教师以考核结果反向验证教学活动的开展，总结课程教学经验，改革教学方法和教学内容，不断提高教学质量；四是要确保考核成绩构成合理。

（二）课程考核方式改革内容

《园林植物学》课程考核方式改革围绕着"以学生为中心，以主动学习和应用能力培养为目标，全过程、多维度"进行考核体系的构建，如前文中表4.5所示。本课程考核方式改革后，考核过程可以分为诊断性评价、过程性评价和终结性评价。

1.诊断性评价内容

诊断性评价主要目的是查明学生对学习本课程所做的准备和不利因素，方便教师采取合适的教学方法和手段，调整教学内容。具体评价过程中，教师在《园林植物学》课程开设前的寒假，提前向上课班级发放电子版教材或学习资料，布置简单的学习任务，课程开始前，教师通过评价工具——问卷来考察学生对本课程大致内容的了解情况、植物常识、学习习惯、本课程的学习期许、对教师教学活动的期许等。诊断性评价结果信息可以帮助授课教师能够根据学生的具体情况调整教学策略和计划。

2.过程性评价内容与标准

改革后的课程考核将重点考察学生的学习过程，主要评价学生主动学习、团队协作、知识运用等方面的能力。结合本课程教学内容改革中，将原有的完全线下教学改为"线上+线下"的混合式教学，考核方式的过程性考核评价也分为线上和线下两部分。

（1）章节预习项目评价内容与标准

线上考核部分的章节预习，教师课前上传录制的十分钟左右的微课视频，并设置3-4道预习任务点，学生应在课前完成课件的预习，并完成对应习题，主要考察学生主动学习和解决问题的能力。

评价标准包括：学生是否进行微课视频的在线学习，以及在线学习时长应超过微课视频总时长，以及预习任务点的完成度和准确度进行评价。教师应根据章节预习评价结果调整教学内容。授课教师应在线下教学活动中对预习任务完成情况向学生进行反馈，并对题目进行讲解。

（2）课中参与线下课堂教学活动项目内容与标准

课中教师通过线上教学平台设置的功能有目的性进行讨论、提问、抢答、快答等教学活动，调动学生参与课堂教学的积极性和培养主动、辩证思考的能力。

评价标准包括：参与活动的积极性、完成任务点的准确性、对问题思考的深度以及表述答案的逻辑性和流畅性。

（3）章节复习项目评价内容与标准

章节复习部分，教师应在每章节学习活动结束后，根据章节教学目标结合教学内容设置4-5道题目，学生应在课程结束后的2-3天内完成章节内容的复习并完成对应的题目。

评价标准包括：是否在规定时间内完成复习任务题目、客观题题目完成的准确度、开放性题目展现的问题研究水平等。教师应对章节复习评价结果进行分析，并在下次线下教学活动中向学生进行反馈，并对题目进行讲解，

（4）课程资料学习项目评价内容与标准

课程资料学习次数主要以学生在课程学习期间通过线上学习平台主动查看教师上传的微课、课件、学习资料频次和时长，以考察学生主动学习、获取知识的能力。

评价标准包括：资料学习次数、资料学习总时长

（5）期中测验项目评价内容与标准

期中测验主要是在课程学习过半时，教师根据前期学习内容，通过线上教学平台设置知识、能力和价值三个层面课程目标的测试题对学生前期学习成效和目标达成进行评价。阶段性的测试有助于激发学生持久学习的主动性，积极完成各阶段的学习任务，有助于形成良好的学习习惯和风气。在学习完绪论、总论两大模块后，利用微助教智慧教学系统进行的 2023 级《园林植

物学》期中测试，测试卷共有 32 道题组成，题型包括填空、单选、是非题和多选题，测试时间为 45 分钟，测试结果见图 4.30。由测试分析结果可知，15.71% 的学生对总论部分的知识掌握和应用水平达到优秀水平，41.43% 的学生达到较高水平，28.57% 的学生达到中等水平，10% 的学生达到及格水平，4.29% 的学生对总论部分的知识掌握和应用水平很差。在单题得分率部分，以考察对实践认知的植物——梨的形态特征判断正确率最低，仅为 15%，见图 4.31。经过分析，造成这一结果的原因可能是学生对打卡过的园林植物仍然没有构建起形态上的认知，实物植物与头脑中的植物意向无法达到统一，因此在后期进行植物各论学习的时候，要进一步加强植物辨识认知实践，帮助学生在头脑中构建重要园林植物的意向形象，方便后期进行植物应用时直接调用该植物。

评价标准包括：理论知识的掌握程度、知识的运用能力、园林植物价值表达。

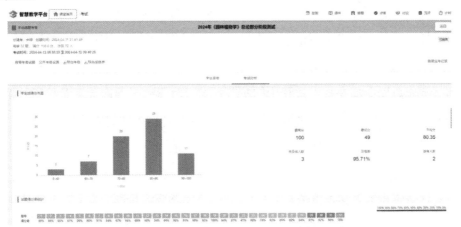

图 4.30 2023 级《园林植物学》阶段测试结果分析
（资料来源：智慧教学系统）

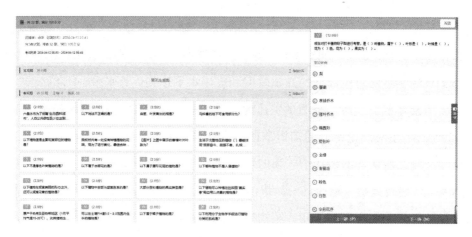

图 4.31　2023 级《园林植物学》阶段测试得分率分析

（资料来源：智慧教学系统）

（6）每周植物打卡项目评价内容与标准

每周植物打卡具体过程为：教师每周课后在校内拍摄一种植物的照片，上传教学平台，学生需根据照片线索，在校内找到该种植物，利用形色、识花君等 APP，再结合教材资料，对该种植物进行鉴别，并对其形态特征、生态习性、园林应用等进行信息的提炼，并拍摄自己现场识别该植物的照片。后次线下课上，教师应对该打卡植物进行讲解，及时反馈植物信息。每周植物打卡作业以穿插在教学过程中的实践环节考察学生对西南地区常见园林植物形态的观察能力、信息搜集以及运用理论知识鉴别植物的能力。

评价标准包括：植物学名判断是否正确；植物科属、形态特征、生态习性、园林应用信息是否正确并且经过凝练，具有较好的逻辑性和可识别性；植物打卡照片本人是否出镜。

（7）小组翻转课堂项目评价内容与标准

翻转课堂具体过程为：将全班同学分为若干组，教师将本课程需要学习的重要章节划分为与组数对应的任务，通过随机抽取，每组分配到一个章节任务，教师给出各任务章节的学习提纲，各组需在教师讲解该章节前，结合教材内容、增加植物实例、信息搜集整理、咨询教师等多种方式，完成对章节学习提纲的扩展，形成比较完整的 PPT 资料，各组需在学习对应章节的课堂上进行汇报，教师根据该组汇报的内容引导全班同学带着问题进行讨论，对错误内容进行纠正，对不完整的部分进行补充，最终形成完整的课堂教学活动，表4.7展示了翻转课堂任务在课程体系中的分布、任务内容、评分标准，图4.32展示了学生以小组为单位进行翻转课堂任务汇报的现场。小组翻转课堂考察学生的团队协作、探究问题、解决问题的能力。

评价标准包括：小组评价标准见表4.6，个人评价还应结合个人在翻转课堂任务中的工作量。

表4.6 《园林植物学》翻转课堂任务内容

（资料来源：作者自绘）

序号	任务章节	任务内容	评价标准
1	第二章 园林植物的形态特征与观赏特性 第三节 园林植物的叶	根据教材、文献资料、微课等内容，整理叶形、叶端、叶基、叶缘、叶裂、叶脉、叶序等知识点，并且要以不同种类植物的叶的图片辅助内容说明，且所选用的植物图片应是在校内外进行真实植物观察并拍摄的图片，应进行植物学名判断、标注标本采集地点，最终将成果制作成符合评分标准的PPT进行汇报，时间控制在8分钟。	1. PPT内容（是否完成指定任务内容，知识点阐述是否正确，内容逻辑是否清晰，图文是否一致）占比50%
2	第二章 园林植物的形态特征与观赏特性 第四节 园林植物的花	根据教材、文献资料、微课等内容，整理花的结构、花冠、花冠类型、花序等知识点，并且要以不同种类植物的花的图片辅助内容说明，且所选用的植物图片应是在校内外进行真实植物观察并拍摄的图片，应进行植物学名判断、标注标本采集地点，最终将成果制作成符合评分标准的PPT进行汇报，时间控制在8分钟。	2. PPT版式（图文排版是否清晰美观、版式框架是否具有逻辑性）占比25%

序号	任务章节	任务内容	评价标准
3	第四章 园林植物的分类 第三节 按观赏特征分类	根据教材、文献资料、微课等内容，整理园林植物根据观花类、观叶类、观果类等类别进行分类的植物的特征，并在校内外观察并拍摄对应类别的植物及组团（每类至少2种），应进行植物学名判断、标注标本采集地点，最终将成果制作成符合评分标准的PPT进行汇报，时间控制在8分钟。	3. 汇报水平（汇报人对汇报内容是否熟悉，汇报过程是否流畅，是否能准确、逻辑清晰地回答其他同学和授课教师就内容提出的疑问和问题）占比25%
4	第四章 园林植物的分类 第四节 按园林用途分类	根据教材、文献资料、微课等内容，整理根据用途分类的观赏树、庭荫树、行道树等类别进行分类的植物的主要特征，并在校内外观察并拍摄对应的植物及组团（每类至少1种），应进行植物学名判断、标注标本采集地点，最终将成果制作成符合评分标准的PPT进行汇报，时间控制在8分钟。	
5	第五章 乔木类	根据教材、文献资料、微课等内容，搜集、整理乔木类的类别、特征、应用等信息，并识别、拍摄校内外常见乔木（至少8种，且尽量在校内外进行实物观察并拍摄图片）的形态特征、生态习性、园林应用，应进行植物学名判断、标注标本采集地点，最终将成果制作成符合评分标准的PPT进行汇报，时间控制在8分钟。	

序号	任务章节	任务内容	评价标准
6	第六章 灌木类	根据教材、文献资料、微课等内容，搜集、整理灌木类的类别、特征、应用等信息，并识别、拍摄校内外常见灌木（至少8种，且尽量在校内外进行实物观察并拍摄图片）的形态特征、生态习性、园林应用，应进行植物学名判断、标注标本采集地点，最终将成果制作成符合评分标准的PPT进行汇报，时间控制在8分钟。	
7	第七章 一、二年生花卉	根据教材、文献资料、微课等内容，搜集、整理一、二年生花卉类的类别、特征、应用等信息，并介绍常见一、二年生花卉（至少8种，且尽量应在校内外进行实物观察并拍摄图片）的形态特征、生态习性、园林应用，应进行植物学名判断、标注标本采集地点，最终将成果制作成符合评分标准的PPT进行汇报，时间控制在8分钟。	
8	第八章 宿根花卉	根据教材、文献资料、微课等内容，搜集、整理宿根花卉类的类别、特征、应用等信息，并介绍常见宿根花卉（至少8种，且尽量应在校内外进行实物观察并拍摄图片）的形态特征、生态习性、园林应用，应进行植物学名判断、标注标本采集地点，最终将成果制作成符合评分标准的PPT进行汇报，时间控制在8分钟。	

序号	任务章节	任务内容	评价标准
9	第九章 球根花卉	根据教材、文献资料、微课等内容，搜集、整理球根花卉类的类别、特征、应用等信息，并介绍常见球根花卉（至少8种，且尽量应在校内外进行实物观察并拍摄图片）的形态特征、生态习性、园林应用，应进行植物学名判断、标注标本采集地点，最终将成果制作成符合评分标准的PPT进行汇报，时间控制在8分钟。	
10	扩展内容：藤本植物	根据教材、文献资料、微课等内容，搜集、整理藤本植物类的类别、特征、应用等信息，并介绍常见藤本植物（至少8种，且尽量在校内外进行实物观察并拍摄图片）的形态特征、生态习性、园林应用，应进行植物学名判断、标注标本采集地点，最终将成果制作成符合评分标准的PPT进行汇报，时间控制在8分钟。	

（8）校内植物调查报告项目评价内容与标准

校内植物调查是本课程在结束所有教学内容以后进行的一次集中实践，教师带领学生以校内园林植物为资源库，对植物个体进行形态辨识、习性分析、观赏特性总结，并且对植物景观节点效果进行现场讨论、分析。集中实践结束后，学生应就考察的植物信息和照片进行分类整理，并参考相关书目、资料等对个体植物的学名、科属、形态特征、生态习性等信息进行筛选和凝练，结合对校内园林植物的应用情况进行评价、分析，最终形成完整的校内植物调查报告。这一项目主要考察学生将理论知识应用于实践，以及信息的分类、筛选的能力。

图 4.32　翻转课堂任务汇报现场
（资料来源：作者自摄）

评价标准包括：园林植物分类的合理性、个体植物信息的准确性、植物图片与植物信息的对应性、校内植物应用分析过程和结论的合理性和逻辑性。

（9）植物景观节点分析项目评价内容与标准

植物景观节点分析项目为学生对具有代表性的以植物为主体要素的景观节点，运用环境心理学、专业理论知识对节点的景观效果进行初步评价，并且根据评价结果分析原因，提出可以提升的策略方案和可供借鉴的造景方法，如图 4.33 所示为学生对明湖湿地公园植物应用进行的分析。本项目培养的是学生发现问题、探寻原因、总结规律的综合应用课程知识的能力，同时这一项目也是为了将《园林植物学》课程与后置课程《园林植物应用》课程进行衔接。

评价标准包括：所选节点的合理性、提升方案的可行性、分析论述语言的逻辑性、图文的相符性。

3.终结性评价内容与标准

改革后课程的终结性评价以闭卷考试为主，对应课程知识目标、能力目标、价值目标设置填空题、选择题、简答题、绘图题、综合题等题型，题目全面覆盖本课程三大模块和九大章节。具体题目的设计中，要控制好题目的难易程度和主客观题的比例，其中侧重考察学生对知识点的理解和应用的主观题占比应在 60%—70%，侧重考察学生识记能力的客观题占比则应低一些，约为 30%—40%。附录 2 中展示了 2022—2023 学年第 2 学期 2022 级风景园林《园林植物学》期末主考试卷的试题、对应课程目标、评价标准等，附录 3 中则展示了试卷质量分析报告。表 4.7 为该试卷质量的总体分析，评价为良好，证明该试卷难度设计合理，区分情况较好，可以较好地评价学生对课程的学习情况。

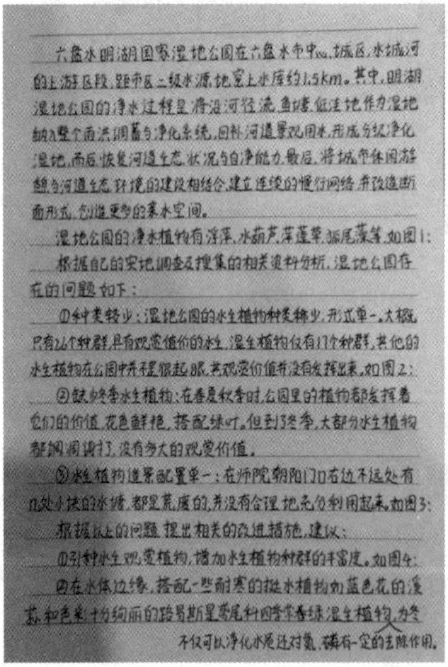
六盘水明湖国家湿地公园在六盘水市中心城区，水城河的上游区段，距市区二级水源地窑上水库约1.5km。其中，明湖湿地公园的净水过程是将沿河径流、鱼塘、低洼地作为湿地纳入整个雨洪调蓄与净化系统，回补河道景观用水，形成多级净化湿地，而后恢复河道生态状况与自净能力。最后，将城市休闲游憩与河道生态环境的建设相结合，建立连续的慢行网络，并改造断面形式，创造更多的亲水空间。

湿地公园的净水植物有浮萍、水葫芦、萍蓬草、狐尾藻等，如图1：

根据自己的实地调查及搜集的相关资料分析，湿地公园存在的问题如下：

①种类较少：湿地公园的水生植物种类稀少，形式单一。大概只有26个种群具有观赏价值的水生、湿生植物仅有17个种群，其他的水生植物在公园中并不是很起眼，其观赏价值并没有发挥出来，如图2：

②缺少冬季水生植物：在春夏秋季时，公园里的植物都发挥着它们的价值，花色鲜艳，搭配绿叶。但到了冬季，大部分水生植物都凋谢了，没有多大的观赏价值。

③水生植物造景配置单一：在师院朝阳门口右边不远处有几处小块的水塘，都是荒废的，并没有合理地充分利用起来，如图3：

根据以上的问题，提出相关的改进措施、建议：

①引种水生观赏植物，增加水生植物种群的丰富度。如图4：

②在水体边缘，搭配一些耐寒的挺水植物如蓝色花的溪荪和色彩十分绚丽的路易斯安那鸢尾和四季常青绿湿生植物，不仅可以净化水质还对氮、磷有一定的去除作用，为冬

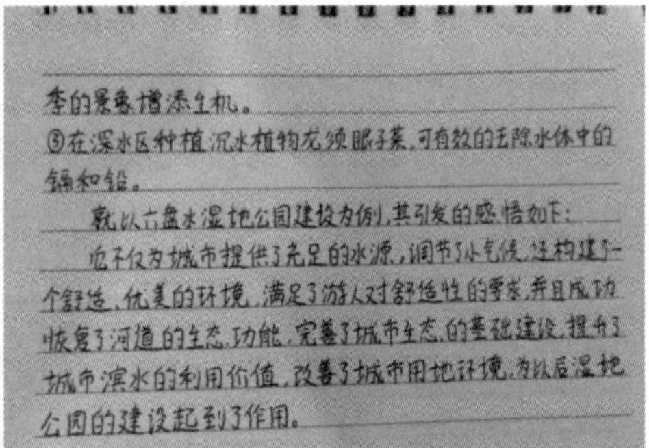
季的景象增添生机。

③在深水区种植沉水植物龙须眼子菜，可有效的去除水体中的镉和铅。

就以六盘水湿地公园建设为例，其引发的感悟如下：

它不仅为城市提供了充足的水源，调节了小气候，还构建了一个舒适、优美的环境，满足了游人对舒适性的要求，并且成功恢复了河道的生态功能，完善了城市生态的基础建设，提升了城市滨水的利用价值，改善了城市用地环境，为以后湿地公园的建设起到了作用。

图 4.33　植物景观节点分析作业示例

（资料来源：作者自摄）

表 4.7　2022–2023–2《园林植物学》期末考试试卷质量分析

（资料来源：作者自绘）

考试人数	考试时长	满分	最高分	平均分	全距	及格率	优秀率	标准差	难度	区分度	信度
44	90	100	85	65.59	60	75.00	0.00	11.7	0.66	0.27	0.83

通过及格率、平均分、区分度和信度对试卷进行评分，试卷总体及格率为75%，得分50，试卷总体区分度为0.27，得分10，总体平均分为65.59，得分10，信度为0.83，得分10分，合计总分80分，评价为良好

项目	分数	评分情况
试卷总体及格率	75	50
试卷总体区分度	0.27	10
总体平均分	65.59	10
信度	0.83	10
总计		80(良好)

（三）课程成绩组成

课程考核方式改革后，成绩组成及占比见表 4.6，即总成绩 100%=诊断性评价（2%）+过程性评价（58%）（线上学习 15%+课堂活动 5%+期中测试 10%+考勤 3%+每周实物打卡 10%+小组翻转课堂 5%+校内植物调查报告 5%+植物景观节点分析 5%）+期末闭卷考核（40%）。

四、《园林植物学》课程考核方式改革特色

（一）课程考核贯穿整个教学过程，注重过程性考核

《园林植物学》课程考核方式改革后，形成了课前诊断性评价、课中过程性评价、课后终结性评价三大评价类型十二个评价项目所构建的"以学生为中心，以主动学习和应用能力培养为目标，全过程、多维度"的考核体系，对学生学习能力、课程教学效果的评价更加多元，也更加科学和合理。结合本课程"线上+线下"混合教学模式的建立，课程考核中将线上学习部分也纳入进来，有效激发了学生的自主学习动力。在过程性考核中，增加了翻转课堂和植物景观节点分析环节，前者突出了学生学习主体的位置，有效调动学生进行自主思考、自主搜集和归纳信息、主动解决问题；后者则是为了使本

课程与后置植物设计类课程《园林植物应用》起到有效衔接，培养学生的观察能力和植物景观设计意识。同时过程性考核占比从原有的30%增加到现在的58%，学生逐步将学习重点从原有的期末突击复习考试转移到教学过程活动的参与、过程性作业的完成上来，既实质性地掌握了基础知识，也培养了实践应用能力。

（二）降低闭卷考试占比，注重考察对知识的运用能力

考核方式改革后，闭卷考试成绩占比从原有的70%降低到40%，学生逐渐扭转了依靠期末突击复习则可轻松通过考试的认知，养成了注重过程学习的好习惯。同时试卷中，进一步降低了以考察知识识记能力为主的客观题的比例，增加了以考察学生对知识运用能力和分析解决问题能力的主观题的比例，并且试题中增加了对思政目标的考察，可以有效地对评价学生的素质培养和能力达成。

（三）突出学生作为评价主体的地位

本课程考核方式未改革前，评价过程多为单向的，即教师对学生的评价，这容易造成评价结果受到教师主观意识影响，使得评价结果缺乏公平公正，无法真实评价学生的学习效果和目标达成。改革后，增加了学生自评、组内互评、组间互评、生生互评等环节，既突出了学生作为评价主体的地位，让学生在自评、互评中既对自己的学习能力、学习水平以及不足之处有清晰的认知，也可以学习其他同学优秀的方面，同时也可以使评价结果更加客观、公正、合理。

（四）考核评价项目和评价标准公开透明，注重考核结果反馈

本课程考核方式未改革前，课程考核项目的评价标准比较模糊，且多为教师口头传达，或者通过作业任务书简要表述，大部分考核项目，特别是闭卷考试，均没有进行及时的反馈，学生不清楚考核项目评价标准，也无法及

时获取考核结果所反映的信息。考核方式改革后，教师在课程开始前，通过线上教学平台通知功能发布本课程所有的考核项目，并列出对应的评价标准的重点，使考核评价项目和评价标准公开透明。同时，各考核项目，如章节预习任务学生应在该章节学习前完成，教师应在对应章节的教学活动开始前，对学生的预习情况、预习题目进行分析和讲解；植物景观分析项目，进行教师评价、生生互评后，教师应在作业提交后对作业完成情况、存在问题、优秀作业等进行统一点评反馈；闭卷考试结束后，教师可通过线上或者线下组织学生对试卷内容、试卷达成度等进行统一分析和点评，形成考核反馈。

五、《园林植物学》课程考核方式改进成效

本课程自 2018 级开始逐步进行考核方式改革工作，图 4.34 中展示了 2018—2022 级（2019 级课程非本团队授课，无改革数据）《园林植物学》卷面成绩分布情况，对表中数据分析可知，历年闭卷考试中超过试卷标准的学生比例最高仅有 4%，最高约有 28% 的学生闭卷考试在及格线以下，对试卷质量进行分析可知，部分年份闭卷考试不及格率过高的原因是试卷的难度等级较高，加之疫情影响等客观原因造成。但随着课程改革的逐步实施，试卷质量逐步趋于合理，最近的 2022 级卷面不合格率已经下降至 15%。考核方式改革后，闭卷成绩占比降低，过程性成绩占比增加，图 4.35 展示了将闭卷成绩和过程性评价成绩、诊断性评价成绩按照规定比例计算后学生总成绩的分布情况，可看到各年级的课程总成绩超过标准率最高为 8.3%，未达标率则降低至 4.5%，由此可看出一张试卷定终身的局面已经被打破。

在进行课程考核方式改革 4 年中，通过课程结束后对学生的问卷调查可知，学生对降低闭卷考试成绩比例，注重考察过程性项目的改革方式表示极大的欢迎，对教师设置的过程性评价项目也较为满意，认为有效地激发了他们主动学习的动力，并且较好地锻炼了他们的团队协作能力、持续观察能力、信息和资料的搜集、汇总的能力，以及对知识的运用能力。

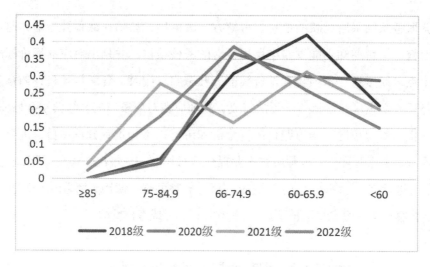

图 4.34 2018—2022 级《园林植物学》卷面成绩分布统计
（资料来源：作者自绘）

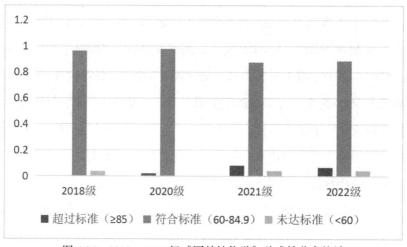

图 4.35 2018—2022 级《园林植物学》总成绩分布统计
（资料来源：作者自绘）

六、结语

《园林植物学》课程经过 4 年的课程考核方式改革探索和建设以后，基本可以达到多维度、全方位地对学生的理论知识掌握、解决实际问题、团队

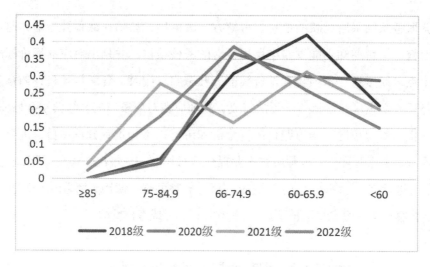

图 4.34 2018—2022 级《园林植物学》卷面成绩分布统计

协作等方面的能力进行考核评价。改革后的考核方式，极大地提升了学生在教学活动中的参与度，而不再是被动地进行灌输式学习，激发了他们主动学习、探究问题的兴趣，个人能力和团队精神都得到了很好的锻炼。在科技高速发展、中国快速崛起的今天，在培养高级专门人才的高校中，课程改革是高校教师必须时刻思考和研究的命题，因为这关乎着我们能否摆脱传统的知识传递认知，而培养出具备创新、创造和适应力的现代化人才，为国家现代化建设提供有力支持。课程考核方式的改革只是课程改革的一部分，要切实提高教学质量，还必须对教学活动的其他方面进行深入思考和系统性的改革。

第三节　地方高校《园林植物学》课程思政改革实践研究

党的十八大报告提出把立德树人作为教育的根本任务，党的十九大报告强调落实立德树人根本任务。2018 年 9 月，习近平总书记在全国教育大会讲话中指出，要坚持把立德树人作为根本任务。近年来，无论是一流专业、一流课程建设，还是课程思政示范课程、课程思政教学团队建设，都是围绕着"立德树人"这一根本任务而开展的。全面推进课程思政是落实立德树人根本任务的战略举措，各类课程应该与思政课程同向同行。

《园林植物学》课程研究对象——种类多样的园林植物，不仅是景观要素中唯一具有季相变化的要素，许多植物更是具有漫长的栽培应用史和深厚的文化背景，如"十大传统名花""四君子""岁寒三友""玉堂富贵"以及众多歌咏各类植物的古诗词、绘画艺术等，此外园林植物在我国生态文明建设中也发挥着重要意义，如利用超积累植物进行矿山治理、利用速生树达到改良土地的快速复绿等。因此《园林植物学》作为风景园林专业基础课程，不仅课程内容是帮助学生搭建专业知识结构的重要组成部分，同时本课程还蕴含着丰富的课程思政要素，对达到本专业人才培养目标具有重要的奠基作用。本研究从课程思政目标确立、课程思政元素挖掘、课程思政教学体系建立、课程思政实施、课程思政效果评价、课程思政案例展示几个方面对《园林植物学》的思政改革方案和效果进行了阐述，以期提高《园林植物学》的课程思政建设水平和育人水平，为后期进行一流课程建设等工作奠定基础。

依托本课程实施的课程思政教学改革在 2021 年获得校级课程思政改革研究项目立项，课题编号为 LPSSYkcszjg202113，目前已经顺利结题，以下为针对本项目的教学改革研究论述。

一、概述

随着经济全球化的深入和"互联网+"时代的发展，复杂的国外多元文化思潮正在不断涌向国内，高校是思想政治工作的前沿阵地，大学生作为发展中的个体，其思想具有较大的可变性和较强的可塑性，他们一方面在学校接受主流思想与社会主义核心价值观教育，另一方面也会受到社会上其他非主流思想及形形色色价值观等意识形态的影响。这就需要学校、教师在教育教学中，在培养和发展学生知识和能力的同时，引导学生思想发展，塑造学生价值观。

2016 年 12 月 7 日至 8 日，全国高校思想政治工作会议在北京举行。习近平在此次会议上强调"把思想政治工作贯穿教育教学全过程，开创我国高等教育事业发展新局面"，继而开启了中国高校课程思政化改革。2020 年 5 月 28 日，《教育部关于印发〈高等学校课程思政建设指导纲要〉的通知》指出：课程思政建设工作要围绕全面提高人才培养能力这个核心点，在全国所有高校、所有学科专业全面推进，促使课程思政的理念形成广泛共识，广大教师开展课程思政建设的意识和能力全面提升，协同推进课程思政建设的体制机制基本健全，高校立德树人成效进一步提高。落实立德树人根本任务，必须将价值塑造、知识传授和能力培养三者融为一体、不可割裂。这一纲要的出台，将全面推进课程思政建设提升到了战略举措的新高度。

作为城乡人居生态环境建设的最重要内容，风景园林建设的理念也在发生着巨大的转变。景观设计的四大要素就是土地、植物、水体和建筑。植物不仅是城乡生态空间景观风貌构成的基础，同时也是各类建成绿地发挥生态服务功能的主体。人们应用乔木、灌木、藤本以及一些草本植物等素材，通过艺术手法，结合考虑各种生态因子的作用，充分发挥植物本身的形体、线条、色彩等方面的美感，来创造出周围环境相适应、相协调，并表达了一定意境或具有一定功能的艺术空间。其科学性及艺术性的水平都比较突出，对在景观设计中植物的选取，以及如何根据设计意图进行配植都涉及了植物的生物学特征和它的生态习性等科学性的问题；此外也涉及了美学中的有关意境、季相、色彩对比等艺术性问题。园林植物无论是传统园林中的意境蕴含，君子比德思想的体现，还是近现代景观生态特征的体现，都折射出丰富的思政元素和价值，这也确立了《园林植物学》这门课程在风景园林专业人才培养方案中的基础地位。该课程作为风景园林专业教育学科基础必修课，开设在第二学期，也是《园林植物应用》的先导课程。因此在学生专业知识体系建立的初期思考如何将课程思政元素融入该课程的教学环节，这不仅能培养学生具有良好的人文素养、科学思维、审美能力和开放视野，具有可持续发展和文化传承理念，使其具备扎实的风景园林基础知识和良好的工程师职业素养；也能更好地利用课程思政教育引导学生成长成才，探索出培养社会主义核心价值观的人居环境建设者的有效路径。

二、《园林植物学》课程思政建设过程及现状

1.《园林植物学》课程思政建设过程

《园林植物学》作为全国风景园林专业均必须开设的基础课程，自 2013 年我校开办风景园林专业以来，就开始进行本课程的建设。前期教学团队仅注重对教学内容体系的建设，将重点放在了学生学到了哪些植物知识，认识了哪些植物，而忽视了学生的能力培养和思政素质培养。伴随着高校以培养

具有创新精神和实践能力的高素质人才为目标，构建以学生为中心的教育体系的教育革命的到来，授课教师逐步开始对本课程进行教学内容的改革，在2018年获得校级教学内容改革项目立项。在针对教学内容改革的过程中，逐步认识到本课程"一张试卷定终身"的重终结性闭卷考试、轻过程性评价的考核方式培养的仍然是应试型人才，而不是创新型、实践型人才，因此又开始进行课程考核方式的改革探索，在2019年获得课程考核方式改革项目立项。在后期进行改革实践的过程中，为了响应习近平总书记"把思想政治工作贯穿教育教学全过程"的会议要求，逐步开始尝试加入思政元素，将家国情怀、文化自信、生态文明、绿色环保、爱国情怀等思想与园林植物的功能、形态特征与观赏习性、植物分类、植物与环境关系等内容进行有机融入，取得了一定的效果。经过2018级和2020级风景园林两个年级的改革实践，本课程在2021年获得校级课程思政改革项目立项。

2.《园林植物学》课程思政取得成效

《园林植物学》在2021年获得校级课程思政改革立项后，教学团队通过深挖课程思政内涵，丰富课程思政元素，不断改进教学方法，形成较为完善的课程思政建设方案，并持续进行《园林植物学》课程思政教学建设。《园林植物学》课程通过将传统文化、家国情怀、生态文明建设、辩证思想等丰富的价值塑造元素有机融入课程教学目标和3大板块、9大章节的教学内容中，有效激发了学生扎根基层的奉献精神，对传统文化、民族文化进行传承和发扬的使命担当，运用科学知识进行生态报国的责任。通过在课程的过程性评价和终结性评价中设置的考察题目，通过数据统计可以发现学生对《园林植物学》教学中嵌入的植物君子比德思想、传统植物诗词文化、利用植物进行生态治理等课程思政元素吸收情况较好，起到了一定的价值塑造作用。

3.《园林植物学》课程思政存在痛点

（1）《园林植物学》课程中可以挖掘的思政元素非常丰富，但是与课程内容的高阶性、创新性、挑战度的结合还不够深入。

（2）课程思政考核评价体系还不够完善，课程思政考核内容与理论知识考核、能力考核混合，《园林植物学》课程思政的达成效果应该如何量化还需要进一步思考。

三、《园林植物学》课程思政建设目标与内容体系

（一）《园林植物学》课程思政建设目标

课程思政是以社会主义核心价值观为指导思想，把实现中华民族伟大复兴的理想和责任融入课程教学中，专业课程与思想政治理论同向同行，协同育人，培养中国特色社会主义优质人才，这是习近平总书记在 2016 年全国高校思想政治工作会议上强调过的，并且 2020 年教育部印发的《高等学校课程思政建设指导纲要》将全面推进课程思政建设提升到了战略举措的新高度。因此根据新时代课程思政协同育人的要求，对接 OBE 教育理念、新工科和高等学校课程思政建设指导纲要要求，教学团队在教学实践中的实践总结，以及结合专业人才职业素质的要求，将本课程的课程思政教学目标凝练为：坚持课程性质不变，以学生学会风景园林专业知识和技能为基础，将思政教育元素和隐性思政育人融入教学中，实现价值引领、知识传授和能力培养的有机统一，具体培养学生的爱国情怀、理想信念、文化自信、民族自信、科学精神、奉献精神、自然辩证思想、终身学习、团队协作等方面的素养，全面提高学生的思想觉悟、道德品质、文化素养和综合实践能力，引导学生成为有"理想美""心灵美""行动美"三个审美向度的、有扎实专业知识与技能的、有温度、有情怀的人居环境建设接班人。

（二）《园林植物学》课程思政内容体系建设

课程内容则是课程教学的基础和核心，是课程思政的切入点，是实现课程思政目标的重要载体。因此在保证课程内容的科学性、先进性，符合学科发展的最新成果和时代要求的基础上，注重课程内容的系统性和逻辑性，使

学生能够形成完整的知识体系，同时结合课程背景、性质等，深挖课程内容中的思想政治教育元素，作为开展课程思政的切入点，才能达到引导学生树立正确的世界观、人生观和价值观的目的。

本课程也一直在探索如何有效地将课程思政融入《园林植物学》教学内容中来。目前，《园林植物学》课程以3大板块、9大章节教学内容为核心，以社会主义核心价值观为指导思想，以"立德树人"为根本，完善课程思政设计；拓展课程思政融入策略，从教学内容中挖掘课程思政元素，以思政之"盐"融入课程教学内容之"汤"；以培养具有"理想美""心灵美""行为美"三个审美向度的、有扎实专业知识与技能的、有温度、有情怀的人居环境建设接班人为目标，使《园林植物学》课程思政教学有机、自然、生动，情境交融。经过几年的课程建设，《园林植物学》形成了教学过程相对合理，思政目标明确，思政元素有机融入课程内容的教学体系，具体见图4.36。并且本课程在教学过程中不断结合与课程内容相关的时事背景、社会事件等进行课程思政案例库建设，后文将以园林植物的根章节作为思政案例进行展示。

四、《园林植物学》课程思政改革方案

（一）课程思政融入点

通过课前对学生进行的诊断性评价结果，结合《园林植物学》课程特点，以及当前的政策背景和行业发展趋势，本课程的课程思政元素主要聚焦于爱国情怀、理想信念、文化自信、民族自信、科学精神、奉献精神、自然辩证思想、终身学习、团队协作等方面。从图4.36所展示的课程思政教学体系中可以看到，本课程3大板块、9大章节教学内容均有对应思政元素的融入。

绪论章节，通过学习园林植物的作用和我国丰富的园林植物资源等知识，以十大传统名花、君子比德思想、世界园林之母、市花市树等案例引导学生

感受和体会传统文化、家国情怀，培养学生的生态文明意识，学会运用辩证法思想分析问题，图4.37展示了课件中的部分思政素材。

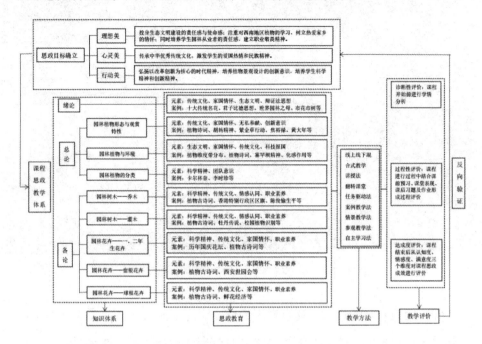

图 4.36 《园林植物学》课程思政教学体系设计

（资料来源：作者自绘）

园林植物形态与观赏特性章节，通过学习植物的根、茎、叶、花、果实、种子六大植物器官的作用、结构、变态类型、观赏习性等内容，以灵活穿插植物诗词、胡杨精神、超积累植物、焦裕禄、黄大年等案例，引导学生感受传统文化魅力，感悟家国情怀、无私奉献精神，以及培养学生的创新意识。如图4.37通过展示一组让人惊叹的植物根系的数据，让学生从植物身上学习向下扎根，才能更好地向上生长的生活哲理，并且通过胡杨精神引导学生艰苦奋斗、自强不息的精神。

图 4.37 《园林植物学》绪论章节部分思政素材
（资料来源：作者自绘）

园林植物与环境章节，通过学习光照、温度、水分、土壤、大气等环境因子对园林植物的影响，运用植物维度带分布、植物诗词、塞罕坝精神、化感作用等案例，引导学生感受家国情怀、传统文化，提升生态文明以及科技报国的意识。如图 4.38 在讲解红花羊蹄甲这一植物时，与香港特别行政区区旗形象进行联系，引导学生回顾香港回归时的光辉时刻，图 4.39 则是在学习植物受温度影响时通过白居易的《大林寺桃花》这首古诗词引导学生在感受古诗词魅力的基础上通过科学角度分析植物景观现象产生的原因，培养学生的探索精神。

园林植物的分类章节，通过学习园林植物的自然分类、命名以及按照生态习性、园林应用、花期等不同分类标准进行的人为分类，结合卡尔林奈、李时珍等人的事迹，培养学生的科学探索精神、团队意识。如图 4.40 通过展示我国分类学家郑万钧先生为世界裸子植物分类所作出的贡献，激励学生的探索精神和爱国热情。

图 4.38　园林植物与环境章节部分思政素材　　图 4.39　园林植物与环境章节部分思政素材
　　　　（资料来源：作者自绘）　　　　　　　　　　　（资料来源：作者自绘）

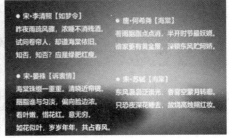

图 4.40　园林植物分类章节部分思政素材　　图 4.41　　乔木类章节部分思政素材
　　　　（资料来源：作者自绘）　　　　　　　　　　（资料来源：作者自绘）

　　各论部分的园林树木——乔木章节，通过学习乔木的概念、分类以及西南地区园林景观中常见的乔木植物，结合植物古诗词、香港特别行政区区旗、陈俊愉生平等案例，培养学生的科学精神和职业素养，以及对传统文化的情感认同。如图 4.41 通过四首与海棠相关的古诗词的欣赏，引导学生感受传统文化的魅力，以及从诗词中分析海棠所具有的形态特征和生态习性等。

　　各论部分的园林树木——灌木章节，通过学习灌木的概念、分类以及西南地区园林景观中常见的灌木植物，以植物古诗词、牡丹传说、厂矿绿化树种、校园植物识别等案例培养学生的科学精神和职业素养，以及对传统文化的情感认同。如图 4.42 展示了教师带领学生在校内进行植物鉴别的场景，培养学生的独立思考、科学探究的精神。

　　各论部分的园林花卉——一二年生花卉章节，通过学习一、二年生花卉的概念、特点、分类、园林应用以及西南地区园林景观中常见的一、二生花卉植物，以历年国庆花坛、植物古诗词等案例，培养学生的科学精神和职业素养，以及对传统文化的情感认同。如图4.43展示了天安门广场历年来的十一国庆花坛，让学生通过观察花坛形式和造景材料及主题，提升学生的民族自豪感以及科学探索精神。

图 4.42　灌木类章节部分思政素材　　图 4.43　一、二年生花卉章节部分思政素材
　　　（资料来源：作者自摄）　　　　　　　（资料来源：网络）

各论部分的园林花卉——宿根生花卉章节，通过学习宿根花卉的概念、特点、分类、园林应用以及西南地区园林景观中常见的宿根花卉植物，以植物古诗词、西安世园会、百合与大花萱草等案例，培养学生的科学精神和职业素养，以及对传统文化的情感认同。如图4.44通过与玉簪相关的古诗词的欣赏，引导学生感受传统文化的魅力，以及从诗词中分析玉簪所具有的形态特征和生态习性等。

各论部分的园林花卉——球根生花卉章节，通过学习球根花卉的概念、特点、分类、园林应用以及西南地区园林景观中常见的球根花卉植物，以植物古诗词、农事谚语、鲜花经济等案例，培养学生的科学精神和职业素养，以及对传统文化的情感认同。如图4.45展示了中国水仙在培育过程中的农事谚语，可以激发学生对谚语这种中国独特的传统文化的兴趣，并且结合谚语科学探究中国水仙的生态习性。

- "未开时，正如白玉搔头簪形。" ——【明】李时珍《本草纲目》
- 遥看疑是梅花月。近前不似梨花月。秋入一簪凉。满庭风露香。萃杯香露洗。月在杯心里。醉眼月徘徊。玉鸾花上飞。
  ——【元】刘敏中《菩萨蛮 月夕对玉簪独酌》
- 昨夜花神出蕊云，绿云袅袅不禁风。牧成试照池边影，只恐搔头落水中。
  ——【明】李东阳《玉簪花》
- 宴罢瑶池阿母家，嫩琼飞上紫云车。玉簪堕地无人拾，化作江南第一花。
  ——【宋】黄庭坚《玉簪》

5.2 生态习性
- 为秋植球根花卉。
- 喜冷凉湿润及阳光充足的地方，对土壤要求不严，但以土层深厚肥沃湿润而排水良好的粘质土壤为好。

六月不在土（夏休眠）
八月不在家（秋植）
栽在东篱下（稍耐寒）
寒花朵朵香（冬花香）

图 4.44 宿根花卉章节部分思政素材 　　图 4.45 球根花卉章节部分思政素材
（资料来源：作者自绘）　　　　　　　（资料来源：作者自绘）

（二）课程思政实施方法与策略

课程思政的融入应该是润物细无声的，通过合理的教学目标设定，采用恰当的教学方法和考核评价方式，最终达到课程思政的教学目标。具体的实施方法主要有：

线上线下混合式教学：通过混合教学方法，激发学生自主学习、主动学习的良好习惯，培养学生独立思考、解决问题的能力。

翻转课堂：通过小组翻转课堂教学任务的完成，可以培养学生的团队协作和沟通能力、独立思考问题和解决问题的能力。

案例分析：通过分析典型案例，引导学生深入思考园林植物学知识与社会问题的联系，强化思政元素的理解。

调查实践：安排校内植物调查、每周植物打卡等实践环节，让学生参与到植物景观的分析、植物的鉴别中，培养学生爱校、护校以及培养其职业精神和实践能力。

教师示范：教师课程中以身作则，树立良好的职业形象和道德风范，引导学生树立正确的价值观。

（三）预期效果与评估方式

通过实施《园林植物学》课程思政改革方案，预期能够达到以下效果：培养学生的爱国主义精神和生态意识；提高学生的职业素养和实践能力；弘扬科学精神，提高学生的创新思维能力；增强学生的团队协作精神和沟通能力。课程思政改革效果的评价与整个课程的评价密不可分，是贯穿整个课程学习的，本课程的课程考核评价体系见表4.5。

诊断性评价中，应设置与课程过程学习中计划融入的课程思政元素相关的考察评价项目，作为课程学习结束后课程思政改革效果的对照物。

过程性评价中，章节预习、章节复习、线上讨论、每周植物打卡、小组翻转课堂等环节的完成度以及所设置的与对应章节所融入的思政元素相关的习题都可以用于评价思政教学效果。用各项目最终的教学目标达成度具体评价思政教学效果。

在终结性评价中，即期末闭卷考试中，与思政元素融入相关的题目可支撑课程目标3，即思政目标，可用于反映思政教学效果。如图4.46为2022—2023学年第二学期《园林植物学》期末闭卷考试中，以胡杨精神的案例考察学生将植物的根系知识与奉献精神、党建文化进行联系和理解，该道题目的得分比为0.98，变异系数为0.15，正确率为97.73%，从侧面证明学生对"艰苦奋斗、自强不息、扎根边疆、甘于奉献"的胡杨精神整体掌握情况较好。课程整体的思政教学效果可以用课程目标达成度分析结果进行衡量。

1．"艰苦奋斗、自强不息、扎根边疆、甘于奉献"是一种（　　）精神，是中国共产党红色文化的传承与发展。

A.柽柳　　　　　　　B.梭梭　　　　　　C.胡杨　　　　　　D.沙棘

【答案】C

【分值】2

【章节】第二章　园林植物的形态及观赏特性

【知识点】园林植物的根

【难度】简单

【考察类型】简单应用

【课程目标】3

图4.46　闭卷考试思政素材

（资料来源：作者自绘）

五、《园林植物学》课程思政教学案例设计

以下选取《园林植物学》课程中的《第二章：园林植物的形态及观赏特性》中的《第一节：园林植物的根》作为课程思政案例进行展示。

（一）案例选用意义

本次选取《园林植物学》课程《第二章：园林植物的形态及观赏特性》中的《第一节：园林植物的根》作为课程思政案例进行展示，主要原因有：

（1）当代大学生在这个信息化时代非常容易受到如网红经济、直播带货、成功学等碎片化信息的影响，由此产生心浮气躁、急于求成、只重结果不重过程等不良情绪和片面想法，而忽视了夯实基础在实现成功之路上的关键作用，而园林植物的根对园林植物的正常生长发育和观赏形态展现等方面就起着默默无闻的奠基作用。因此通过学习园林植物根的理论知识，学生不仅可以科学认识园林植物根的功能、结构、变态，更能从园林植物的根在越恶劣的环境中越努力向下扎根，以及植物的根为了顺应环境变化而产生形态上变化等现象，激发学生对默默无闻的无私奉献精神以及在逆境中善于创新和求变思想的情感认同，产生"向下扎根、向上生长"的人生感悟，最终达到价值塑造的目的。

（2）园林植物的根是本课程核心的基础理论章节《第二章 园林植物的形态及观赏特性》中的第一节内容，是园林植物形态学习的基础，课程思政元素的巧妙融入和教学过程的合理展开，会帮助学生在掌握理论知识的基础上，提升景观设计思维的能力，以及建立良好的学习习惯、思维方式和价值认知。

（二）学情分析

学生作为教学的主体，在开展教学活动之前，必须对教学对象的知识背景、学习特点等进行分析，并根据分析结果有针对性地进行教学设计和开展

教学活动，才能有效达成教学目标。

知识背景方面：园林植物作为构成美的景观的重要组成要素，人们在日常的生活中接触频繁，并且对许多的植物都有一定的形象认知，本专业的学生也不例外。在学习本节内容之前，学生已经通过绪论的学习，对园林植物的概念、作用等有一定的了解，但是还缺乏从专业的角度对植物的形态、习性、应用等进行学习和研究，也缺乏分析问题、解决实际问题的实践能力。

学习特点方面：本课程开设在风景园林专业第二学期，学生对专业课的认识还处于入门阶段，虽然专业知识基础非常薄弱，但对专业知识的学习有较为强烈的渴望。因学生处于大一阶段，专业课学习的习惯和技巧还没有掌握，因此教学设计中要合理设置教学目标，同时要通过教学设计引导学生形成良好的学习习惯、思维方式。并且，低年级学生的价值认知处于急需正确引导的阶段，因此将思政元素融入本课程的教学过程就凸显出极为重要的育人意义。

（三）思政教学设计

（一）融入课程思政的教学内容和资源	
教学 目标	（1）**知识目标**：了解根的功能，熟悉根的变态类型，理解植物根的功能，掌握根和根系的类型。 （2）**能力目标**：能够运用自然辩证法解读植物根的变态，能够合理运用植物根的特征和特性，思考植物空间等的构思和设计。 （3）**情感目标**： 结合焦裕禄、黄大发、张桂梅、胡杨精神、朴素辩证法等思政案例，引导学生发扬无私的奉献精神以及敢于突破常规的创新精神，最终达到"向下扎根，向上生长"的情感共鸣。
教学 内容	**知识点1**：园林植物根的功能。 **知识点2**：园林植物根的结构（根的类型、根系概念、根系的类型）。 **知识点3**：园林植物根的变态。

	教材：
	董丽，包志毅.园林植物学[M].北京：中国建筑工业出版社，2020.
	线上课程资源：
	【1】中国大学慕课：《风景园林植物学》，圣倩倩等，南京林业大学。
	https://www.icourse163.org/course/NJFU-1463754161?from=searchPage
	【2】教师微助教智慧教学平台自建课程资源：《园林植物学》
	http://kcpt.lpssy.edu.cn/classes/17914
教	**论文资源：**
学	齐楠，卢娜.植物化感作用机理及其在园林植物配置中的应用分析[J].现代园艺，2018
资	（22）:111–112.
源	**网络资源：**
	【1】党史百年 每日一学——焦裕禄精神
	https://m.thepaper.cn/baijiahao_12128909
	【2】习近平新时代中国特色社会主义思想——学习践行胡杨精神
	https://baijiahao.baidu.com/s?id=1679141951547038339&wfr=spider&for=pc
	【3】"当代愚公"黄大发：绝壁天渠映初心
	https://new.qq.com/rain/a/20240603A00HYO00
	【4】"时代楷模"先进事迹——张桂梅
	http://www.moe.gov.cn/jyb_xwfb/moe_2082/2021/2021_zl37/shideshiji/202105/t20210511_530873.html

（二）教学环节

	通过学习通或智慧教学平台发布预习任务：
课	1.预习《园林植物根》的课件及阅读参考文献。
前	2.运用国家虚拟仿真实验教学课程共享平台——世界自然遗产地梵净山植物多样性虚拟仿真实验教学项目，进行贵州山地特色植物形态的观察。

课中	运用混合教学方式，根据设计好的教学过程完成教学。
课后	课后通过实践活动和作业评价学生对本节内容知识目标、能力目标、思政目标的达成情况。

（三）教法与学法

教师教学方法

1.任务驱动法

课前通过学习通或智慧平台布置预习任务，要求学生预习课件、阅读文献资料、通过虚拟仿真实验平台对贵州山地特色植物进行认知、思考问题。

2.案例教学法

通过展示部分蔬菜变态的植物根或茎的图片，让学生观察并讨论日常生活中我们食用的部位，引出植物的根的变态，引导学生思考这种变态是好还是坏，有何影响和启示。

3.课堂讲授法

通过植物根的功能、类型、变态以及观赏特性，启发学生思考植物的根所蕴含的君子比德思想、在生态文明建设中如何应用植物根方面的知识。

4.混合教学法

通过课前在学习通或智慧教学平台发放教学资源和预习内容，提高课程内容熟悉程度，提升学生的问题分析和探究能力。课中运用智慧教学平台进行教学过程的实施。课后学生通过智慧教学平台完成课后习题和实践任务。

学生学习活动

1.自主学习：学生通过教师课前布置的预习任务以及课中产生的问题、课后任务进行自主学习和复习。

2.研究性学习：根据教师在课前和课中提出的相关问题，通过查找、收集、分析资料，进行研究性学习。

3.互动性学习：在课堂教学过程中，通过智慧平台的使用，配合教师完成课堂互动活动。

4.实践性学习：课后教师布置"植物打卡"作业，完成对指定植物形态特征、生态习性、园林应用方面的观察和对植物的鉴别。

（四）教学过程设计（45分钟，含3个思政案例）

"BOPPPS+1"混合教学模式								
"BOPPPS+1" 混合教学模式			课前自主探究			课中知识内化		课后拓展提升
			导入 （B）	目标 （O）	前测 （P）	参与式学习 （P）	后测（P）	总结 （S）	拓展 （+1）
线上线下混合	线上	学生	进行园林植物根的微课预习、完成预习任务点和话题讨论			参与签到、抢答、问卷、答题等	参与随堂测验	提出课堂问题	完成习题及作业
		平台	智慧教学系统			智慧教学系统			智慧教学系统
		教师	发布园林植物根的预习微课和预习任务、评估学生预习情况、总结存在问题			发布签到、抢答、问卷、答题等教学活动	教师评价测验结果	针对学生问题线上答疑	习题和作业评阅、成绩分析
	线下	学生	进行园林植物根的认知实践			参与教学活动		回顾总结	课后实践
		教师	进行园林植物根的教学活动设计			知识引学、习题答疑、归纳总结、问题反馈		思维导图	教学总结和反思
课程思政要点			默默无闻、扎根边疆的奉献精神；创新精神						

教学环节	教学时长（分钟）	教师活动	学生活动	教学意图
旧知回顾	2	**智慧教学平台发布抢答：**园林植物的作用和我国园林植物资源特点。	回答问题	旧知回顾，帮助学生建立课程学习框架。
引入	1	**展示和点评智慧教学平台本节内容的预习微课和任务点完成情况。**	关注课前自学完成情况	强调课前预习的重要性，激发学生的主动学习能力。

	2	**展示智慧教学平台课前发布讨论并进行词云分析，引出本节内容：** 请描述生活场景中园林植物存在的形态是什么样的？	关注词云，思考预习内容。	根据讨论结果形成的词云，了解学生对园林植物形态的认知水平，引出新知。
新知学习1	1	**智慧教学平台发布点答：**你认为园林植物的根有什么功能？	回答问题	引导学生归纳和总结信息，引出从专业角度出发认识根的观赏功能。
	2	**多媒体讲授：**园林植物根的功能，强调根的观赏功能。	学习新知	帮助学生学习和理解根的观赏特性。
新知学习2	2	**多媒体讲授：**本节课课程目标、主要教学内容。	建立课程目标和内容框架	引导学生建立新知框架，有目的性地进行学习。
	8	**多媒体图片展示和讲授：**根的类型、根系概念、根系的类别。	学习新知，归纳总结2类根系的形态差异	帮助学生学习和理解根和根系理论知识。
	2	**多媒体图片和数据展示：**展示植物根生长过程以及小麦、玉米、苹果、胡杨的根系数据。	观看、分析图片信息	打破学生对植物根的忽视和传统认知。
	2	**智慧教学平台发布点答：**你对这些图片和数据有什么感触？你认为植物的根系为什么能达到这样惊人的数量？	思考和回答教师问题	引导学生思考植物分析植物根系如此发达的原因，为后面引出思政案例做铺垫。

新知学习3	4	**多媒体图片展示和讲授：**胡杨精神、黄大发事迹、焦裕禄事迹、张桂梅事迹。	情感共鸣、自我反思	通过案例，引导学生达到对**扎根边疆、无私奉献精神**的情感认同，实现价值塑造。
	2	**智慧教学平台发布讨论：**马铃薯、红薯、莲藕、生姜、大蒜、萝卜等蔬菜我们日常食用的部分是什么。	辨析植物的根、茎形态表现	通过词云分析学生对植物根和茎的普遍认知，引出新知学习，纠正错误认知。
	8	**多媒体图片展示和讲授：**讲解四类变态根及案例。	归纳储藏根、气生根、寄生根、附生根四类变态根的形态规律	纠正学生对部分植物根和茎形态的错误认知，学习植物根形态变化知识。
	3	**智慧教学平台发布抢答：**植物的根系为什么发生变态？带给你何种启示？	思考教师提出的问题，探究植物根形态发生变化的本质原因。	让学生**透过变态现象看本质**原因，为后面引出思政案例做铺垫。
	3	**多媒体图片展示和讲授：**"易穷则变，变则通，通则久。"	情感共鸣、自我反思	引导学生运用**朴素辩证法的思想**认识到：事物到了窘困穷尽的时候就应当有所变化，变化之后才能通达，通达之后才能长久。引导学生形成**突破常规、勇于创新的思维方式**。同时达到**"向下扎根 向上生长"**的情感共鸣。

课堂总结	1	**多媒体展示本节课思维导图**	回顾课堂内容	引导学生建立知识框架，对信息进行总结和归纳。
后课衔接	2	**提出问题：**在学习了园林植物根的理论知识后，你认为在景观设计中可以如何进行应用？	思考问题	引导学生从景观设计角度出发思考问题，与下节课学习园林植物的根在景观设计中应用进行衔接。

（五）考核评价方式

1.评价主体分别为：教师、学生、智慧教学平台。

2.评价方式主要为：智慧平台课后习题、主题讨论、校园每周植物打卡。

（1）智慧教学平台习题（3个）

　　植物的根可以分为（主根）和（侧根），植物的根系可以分为（直根系）和（须根系）。

　　以下哪种植物最能体现"扎根边疆、艰苦奋斗、自强不息、甘于奉献"的精神？（胡杨）

　　以下可以种植在城市中具有狭管效应处的植物是？（考察对深根系、浅根系植物的掌握）

（2）主题讨论

　　教师在智慧平台发布主题讨论：你认为通过本节课程的学习，你是否达到了课前教师展示的教学目标？达成情况请按0~10打分，0分为完全没有达到，10分为完全达到。

　　如果没有达到，未到的内容和原因是什么？

　　你对本节课的教学有何建议和意见？

（3）每周植物打卡

　　根据教师给定的植物线索，在校内进行植物打卡，并结合资料和判断该植物的名称、主要形态特征、生态习性和园林应用。并上传打卡照片到智慧教学平台指定位置。

高校植物景观类课程教学改革研究及实践

（四）特色与创新

1.特色

本课程所蕴含的思政元素提取与课程内容紧密结合，符合社会主义核心价值观要求，并且结合了风景园林专业人才培养的要求，在培养学生具备扎实的风景园林基础知识和良好的工程师的职业素养之上，通过课程思政的融入，使学生具有良好的人文素养、审美能力和开放视野。并且在各案例中均对课程思政达成效果进行了评价，可以形成较为直观的评价结果，可以对后续提升课程思政改革成效提供支撑。

2.创新

本课程的课程思政创新之处在于将每一节知识模块建成"课前感知、课中领悟、课后内化与反思，从而反向验证思政元素挖掘和实施路径的合理性"的模式，能运用 OBE 理念检验课程思政目标的设立以及融入课程效果，形成闭环，进一步深化课程内涵，提升课程思政效果。同时在课前学习任务中利用虚拟仿真实验平台引导学生进行学习，以及采用混合式教学完成课程思政的实施也是一个创新点。

（五）教学反思

1.实施效果与达成

（1）明确了课程的价值目标，提高了育人效果。较好地将园林植物的自然属性知识与人文素养、价值审美培养结合起来，对于激发学生的生态建设意识、家国情怀、社会责任感等具有积极的教育作用。

（2）注重课程设计，较好地满足了大学生对有深度、有扩展、有质量、多元化的学习的需求，课程的丰富度增加了，学生的获得感也增强了。

（3）从知识与能力、情感与态度、价值与立场这三个维度，组织课前自学、课堂教学和课后巩固，同步实现价值塑造、能力培养、知识传授三位一体的教学目标，混合式的教学方法使课堂互动感强，学生参与度高。

2.存在困难与不足

（1）学生的自主学习意识不强，资料搜集和消化能力较差。

（2）在课程思政达成评价中，部分学生的评价结果带有过多主观色彩。

3.改进思路和注意事项

（1）进一步优化课程设计，提高学生的课堂参与度和提升课堂教学效果；加大学生课前和课后学习活动的监督、指导和监控。

（2）对学生进行正向引导，及时分析出评价数据中的异常数据并寻找原因。

六、结语

随着社会的发展和人民生活水平的提高，园林植物在城市环境建设、生态平衡和人们生活中的重要性日益凸显。开设有风景园林专业的高校，《园林植物学》是必须开设的专业基础课程，具有不可替代性。该课程蕴含丰富的课程思政因素，通过合理的教学设计将专业知识以及无私奉献、家国情怀、创新意识等宝贵精神润物细无声地传递给学生并被他们吸收消化，这对本专业的学生建立良好的学习习惯、思维方式、职业素养，形成正确的价值认知，以及更为高效地完成本课程学习有重要意义。

第四节　西南地方高校《园林植物应用》课程改革研究

《高等学校风景园林专业本科指导性专业规范》中明确指出，风景园林专业培养具有良好道德品质，身心健康，从事风景园林领域规划与设计、工程技术与建设管理、园林植物应用、资源与遗产保护等方面的专门人才。毕业生可在规划设计机构、科研院所、管理部门、相关企业从事风景区、城乡园林绿地、国土与区域、城市景观、生态修复、风景园林建筑、风景园林遗产、旅游游憩等方面的规划、设计、保护、施工、管理及科学研究等工作。可以看出，园林植物应用作为重要的就业方向，在城乡园林绿地、生态修复、城市景观营造等方面的研究和规划设计中具有重要的应用。因此，作为《园林植物学》的后置课程，风景园林专业园林植物类唯二课程，《园林植物应用》课程必须将人才培养的重点落实到学生的实践能力、应用能力的培养上，并且教学内容上应突出地域特色，并且应与碳中和、矿山修复、绿色建筑、生态治理等国家生态文明建设工作重点结合起来。在这样的改革方向指引下，《园林植物应用》课程进行的教学改革重点为由特色不突出、重理论轻实践向应用型课程建设进行转变。

一、《园林植物应用》课程建设发展历程

园林植物是园林景观的三大要素之一，园林植物的应用历来受到行业各界的重视，因此《园林植物应用》课程自 2013 年风景园林专业成立即开始开设，因人才培养方案的调整，该课程前期名称为《植物景观设计》，2020 年开始更名为《园林植物应用》，并且课时也由最开始的 48 课时调整为现在的 32 课时。课程大体的建设阶段分为 3 个阶段。

（一）传统教学阶段

园林植物的应用涉及植物学、花卉学和园林树木学等多门专业课程，属于典型的传统知识性课程。在 2013—2018 年第一阶段的教学中，知识性课程的教学一般采用课堂讲授模式，且通常为先完成一半课时的理论教学，然后集中完成剩余课时的实践学时，教师是知识传授的主导者，学生被动接受知识，使得学生缺乏主动学习的热情，易产生疲劳感。且这一阶段课程评价以期末终结性考核为主，成绩具体占比为平时成绩 30%，期末方案作业成绩为 70%。并且课程作业数量较少，多为学生根据教师给定的场地条件，以团体或个人形式完成植物景观的方案设计，学生无法进行实地踏勘，方案成果无法

落地，对学生个人自学能力、设计能力、实践能力的培养非常有限，难以实现课程教学的目标。

（二）线上+线下混合教学阶段

在第一阶段的传统教学阶段，理论知识与实践环节互相独立，实践环节与行业人才需求、真实项目环境脱节，课程考核项目无法对个人自学能力、设计能力、实践能力进行有效评价。同时信息技术的发展，特别是移动互联技术高度发达，使手机、平板电脑等个人终端在社会生活中越来越普及，加之 2019 年因疫情影响，掀起线上课程教学建设的热潮。《园林植物应用》作为一门植物设计类课程，也开始了线上教学工作的探索，课程发展进入到线上+线下混合教学阶段。授课团队在超星学习通进行课程建设，见图 4.47。后期由于学校更换线上教学平台，该课程建设转向微助教智慧教学系统进行，课程界面见图 4.48。

图 4.47　《园林植物应用》学习通建课界面
（资料来源：超星学习通）

（三）线上+线下混合+虚拟仿真+真实实践项目驱动教学

通过吸取第二阶段经验，自 2022 年开始进行《园林植物应用》教学改革。

首先整合教学内容，将其分为三大模块，即基础理论、方法与程序、设计项

图 4.48　《园林植物应用》智慧教学平台建课界面
（资料来源：智慧教学系统）

目与实践，形成课程知识的进阶性；其次完善课程线上教学部分，将挑战度
较低的基础理论知识放在线上部分，由学生课前自学完成，课上教师重点引
导解决学生自学时无法解决的问题，并将线上自学部分纳入过程性考核中；
建立园林植物景观设计方案库，将真实植物景观规划设计案例与教学内容结
合；借助国家虚拟仿真实验教学课程共享平台中燕山大学的《园林植物造景》
虚拟仿真课程，锻炼学生在三维空间中的植物配置能力；选择同时丰富过程
性考核项目，设置校内外植物应用调查、小论文撰写、植物组团配置、校园
植物景观提升设计、校内花境花坛方案设计与施工实践等个人项目与团队协
作项目相结合，达到对学生多方面能力的考核。

　　并且这一阶段教学内容注重将西南山地植物景观设计和矿山修复、石漠
化治理、绿色建筑等与风景园林学科的最新发展趋势相关的主题和案例纳入
来，使学生在构建完整植物应用知识体系建设的基础上，可以运用专业理
论知识对西南山地环境的园林植物景观进行合理设计，以及能够对植物生态

修复、治理等有更加深入的认知，可以为后期《景观生态学》课程的学习以及未来进一步学习深造提供理论基础。同时以相关比赛项目作为课程教学内容和实践的驱动，并且引入企业专业人员参与设计方案的评图工作。

接下来的课程建设将进一步加强双师型教学队伍建设，并且将具有实践经验的景观设计师、工程师等纳入课程团队，为学生提供行业前沿知识和实践经验。以及充分利用校内外实践平台，以企业委托项目的形式让学生参与到真实的园林植物设计项目中，以及创造条件，让学生设计项目进行落地和实施，进一步提升《园林植物应用》课程魅力，实现对学生实践操作能力的培养。

二、《园林植物应用》课程改革建设目标

《园林植物应用》课程未向应用型课程建设方向进行教学改革前，课程教学目标可以概括为"通过学习，了解植物景观设计发展动态，掌握植物景观设计的原理，在前期学习园林植物及植物生态学的基础上，进一步了解不同地域园林植物的观赏及应用特点。运用植物生态学理论，掌握在不同生境下植物适应环境的能力，熟悉不同地域观赏植物及季相设计的方法，熟悉常用观赏植物的观赏特性及生态习性、栽培技术要点为施工种植设计奠定基础。熟悉植物景观设计的程序与方法。掌握室内外不同环境空间的植物景观设计要点。熟练掌握植物景观不同设计阶段图纸的表达方法与要点"。可以看出，原有课程目标层次不清，无法厘清知识目标和能力目标，并且也没有体现价值目标。这样的教学目标无法有效指导教学内容的开展，过程性考核项目设置无法与教学目标对应，更无法有效地评价学生在学习完本课程后，在知识、能力和价值层面的目标达成情况。

结合学校办学定位、我校风景园林专业人才培养目标和要求、《园林植物应用》课程在课程体系中的地位以及本课程多年教学经验积累，《园林植物应用》课程进行应用型改革后的培养目标确定为价值塑造、能力培养、知

识传授三位一体，具体表现在：

知识目标：通过学习，能够描述园林植物景观设计应用发展历史、动态和西南山地植物景观特征；熟悉西南地域不同绿地类型园林植物景观设计要点及季相设计的方法；掌握植物景观设计的原理、方法和程序，在前期学习园林植物的基础上，进一步了解不同地域园林植物的观赏特性及应用特点；掌握常用西南地区常见园林植物的观赏特性、生态习性和栽培技术要点，熟悉植物景观设计的程序与方法，熟练掌握植物景观不同设计阶段图纸的表达方法与要点。

能力目标：具备借助信息化工具进行再学习的能力，能够鉴赏和评价经典的国内外园林植物景观设计案例，具备对100种以上常见园林植物，特别是西南地区园林植物形态特征进行辨别的能力；能运用植物生态学理论判断在不同生境下植物适应环境的能力以及运用该理论进行植物景观项目的方案设计；以及依据植物主要生态习性和园林应用方式进行不同条件下的植物景观设计的能力，能够进行植物景观季相设计，能够进行园林植物应用的方案设计、种植设计，能够绘制标准化植物景观设计图纸。

思政目标：结合贵州及西南喀斯特地区植物景观特点及面临的挑战，能够引导学生在设计中深入贯彻习近平生态文明思想，同时注重将绿色生态设计作为植物景观设计主旋律，引导学生运用绿色环保材料及新的工艺和方法，践行绿色低碳的理念，切实加强学生投身生态文明建设的责任感与使命感；继承中国古典园林天人合一的设计理念，树立崇尚自然、尊重自然的理念，明确现代城市生态环境建设应以植物造景为主要手段；以传统园林植物景观案例、景题、相关古诗词解读等，将传统文化融入"园林植物应用"课堂教学，以及重点工程、典型人物，引导学生厚植爱国主义情怀，传承中华优秀传统文化，弘扬以爱国主义为核心的民族精神和以改革创新为核心的时代精神，激发学生爱国热情。

综上所述，改革后的《园林植物应用》课程的教学目标是通过传授园林植物的基本知识和应用技能，培养学生的创新思维和实践能力，提高学生的职业素养和文化素养，为学生的未来职业发展打下坚实的基础。

三、《园林植物应用》应用型课程改革建设策略

《园林植物应用》课程作为风景园林专业的核心课程，具有知识面广、综合性强的特点，还具有植物种类丰富多样、实践性强、对学生综合素质要求高等特点。因此本课程主要从以下几个方面进行改革建设。

1.转变教学理念

课前建设前期，是以教师为中心的传统教学方法，多以灌输的方式传授学生理论知识，并且忽略实践技能的培养，课程特色也不明显，不符合应用课程的培养要求。应用型课程建设中，要转变《园林植物应用》课程教学理念，以学生实践能力培养为中心，将课程内容整合为三大模块：基础理论、方法与程序、设计项目与实践，采用合理的教学方法和课程考核方式，形成知识和能力的进阶性培养。

2.更新教学内容和教学方法

本课程的传统教学中，教学内容多以教材为主，较少吸收行业前沿理论动态和最新的设计案例，教学方法上主要以线下的课堂讲授教学为主，学生为被动式学习。应用型课程建设中，需要更新教学方法，注重学生主动学习和知识应用能力的培养。《园林植物应用》是一门不断发展的学科，新的植物品种、种植技术、设计理念、设计案例不断涌现。为了使学生能够掌握最新的知识和技能，需要及时更新教学内容，将最新的园林植物品种、种植技术、设计理念和设计案例纳入教学内容中。同时为了凸显课程特色，应增加西南地区特色植物种类和特色植物景观的学习。教学方法上，要摒弃以往单纯的讲授式教法，引入混合式教学法、PBL教学法、案例分析法、现场参观法、项目驱动法、评图法等，以任务和问题驱动学生主动学习、探究式学习、导向性学习，激发学生的学习主观能动性和创造能力，强化理论与实践相结合的园林植物应用能力培养。

3.强化实践应用

《园林植物应用》是一门实践性很强的学科，要求学生掌握实际操作和应用能力。因此，课程建设需要重视实践环节，增加实践课程的比重，强化学生的实践应用能力。应用型课程建设中，首先注重借助国家虚拟仿真实验教学课程共享平台将理论知识通过实验的方式得到强化和锻炼，其次，课程教学中要增加园林植物景观设计和施工现场考察的环节，课程实践项目以真实的项目场地或者企业项目委托的形式，或者以相关学科竞赛作为实践驱动。以及借助课程内容，引导申报大学生创新创业训练计划、大学生科研、互联网+、挑战杯等项目，达到实践应用目的。

4.提升教师素质

教师的素质直接影响到课程的教学质量。为了更好地培养学生的实践应用能力，需要有一支具备实践经验和教学能力的教师团队。因此，教师要注重自身专业技能的提升，向"双师型"教师靠拢，通过企业挂职、基层锻炼、外出培训进修等方式加强对自身能力的培训和实践经验交流，提升教师的素质。

5.加强校企合作

《园林植物应用》课程的应用性决定了学生需要更多的实践机会。通过校企合作，可以为学生提供更多的实践机会，同时也有助于提高学生的就业竞争力。并且来源于景观设计企业的真实项目，也可以更好地驱动学生完成从理论学习到设计实践的转变。

6.完善实践场地

《园林植物应用》课程的部分实践项目需要具备一定的设施和场地，如课程实践项目中花境、花坛设计方案完成后，需要学生在将方案落地的过程中发现工程问题、解决工程问题。因此为了更好地满足实验教学的需要，需要完善实验设施和场地，提供更加完备的实践条件。

四、《园林植物应用》应用型课程内容与组织实施情况

　　《园林植物应用》课程在未进行应用型课程改革前，需要用 36 个学时完成十个章节的教学内容，分别是：园林植物与环境、植物景观要素与植物空间营造、各类形式的植物景观设计、建筑与植物景观设计、建筑与植物景观设计、植物材料的调查与规划、水体植物景观设计、道路植物景观设计、地形与植物景观设计、专类园植物景观设计、综合植物景观讨论与设计。教学内容逻辑上符合学生的学习规律，由植物与环境、空间、形式以及与其他几个景观要素关系的学习过渡到专项植物设计和综合项目的设计。但是，由于前期利用信息技术的意识不够，没有进行线上课程资源的建设，所有理论学习全部安排在线下教学中完成，并且是以教室、教师和教材为核心。而需要用 16 个理论课时完成 10 个章节的理论教学，教学方法上主要采用了讲授法，基本不可能采用多元化的教学方法和安排多样化的教学活动，教学节奏非常快，学生基本是被动学习、被动灌输。并且理论教学常常因学时过少内容过多而占用了实践学时，学生的实践项目作业则主要在课外完成，教师无法进行实时指导而及时纠正错误和给出建设性意见，所以就造成了学生理论基础薄弱，实践训练成果既不符合相关设计规范，也没有深厚的理论知识支撑，最终无法落地，培养效果差。

　　因此进行应用型课程改革时，将《园林植物应用》课程内容梳理为基础理论、设计方法与程序、设计项目与实践三大模块展开，知识框架上更加符合学生的培养规律，既有理论知识的教学，也有对应训练项目的开展，应用型课程内容体系见表 4.8。并且开始进行线上课程资源的建设，理论教学不再仅局限在 16 个线下课时，基础性、概念性的理论知识可以通过线上微课的形式完成，线下课堂集中在疑点、难点、案例的学习上。并且教学方法上摒弃了以讲授法为主，进而采用"线上+线下"的混合式教学法、翻转课堂教学法、案例分析法、项目驱动法、虚拟仿真实验法等，课堂教学被进一步激活，学生的学习主动性大幅提升。有了坚实的理论支撑，教学内容上还安排了植物景观设计程序和真实的设计项目，如竞赛类、公司委托类项目等，用以检验

和评价理论教学效果和进一步加强学生实践能力的锻炼。

表 4.8 《园林植物应用》应用型课程内容体系

（资料来源：作者自绘）

模块	课程章节	内容	教学方法	实践项目
基础理论	绪论	园林植物应用概念；发展历史；植物景观设计原理	线上线下混合教学法 PBL教学法	小论文撰写
	植物景观要素与植物景观空间表达	园林植物顶面、垂直面、地平面要素；植物景观空间构成	线上线下混合教学法 PBL教学法 案例分析法	校内外自选场地植物景观现状调查与分析实践报告
	园林植物与其他景观要素设计	建筑植物景观设计；水体植物景观设计；道路植物景观设计	线上线下混合教学法 PBL教学法 案例分析法	
设计方法与程序	植物景观设计原则与程序	园林植物景观设计原则；方法；程序	讲授法 案例分析法 虚拟仿真实验法	
设计项目与实践	园林花卉设计	花境；花坛；花台	项目驱动法 讲授法 案例分析法 评图法	指定场地的花境方案设计 参加园林植物类的设计竞赛（2020级参加了四川成都世界大学生运动会花境设计竞赛）

模块	课程章节	内容	教学方法	实践项目
	园林树木设计	孤植；对植；群植；林植等	讲授法 案例分析法	
	校园植物景观设计	校园植物景观特点；设计要点分析；设计实例分析	项目驱动法 讲授法 案例分析法 实地调研法 评图法	
	庭院植物景观设计	庭院植物景观风格；设计要点分析；设计实例分析	项目驱动法 讲授法 案例分析法 实地调研法 评图法	根据企业指定项目，四个项目任选其一进行植物方案设计
	居住区植物景观设计	居住区绿化设计规范解读；设计要点；设计实例分析	项目驱动法 讲授法 案例分析法 实地调研法 评图法	
	公园植物景观设计	公园绿化设计规范解读；设计要点；设计实例分析	项目驱动法 讲授法 案例分析法 实地调研法 评图法	

1.建立线上教学资源，促进学生主动学习

《园林植物应用》课程课时少，教学任务重。在课程建设期间，在智慧教学平台上建立线上课程。基础理论知识部分，教师课前发布自学任务，学生主动完成，课上主要解决学生自学过程中存在的疑难点问题，不仅提高了教学效率，也提升了学生主动学习的能力。

2.依托任务设计课程内容

《园林植物应用》课程设计思路是"以学生为中心"，结合社会、行业（专业）和学生的实际，把教学任务和工程项目有机结合，以工程任务或典型问题为学习任务，根据"教学任务工程化，工程任务课程化"的"两化"原则设计课程。将企业真实项目或者真实竞赛项目与教学内容结合，以项目任务驱动教学，以教学成果完成项目内容，并且在完成项目过程中引入企业专家进行指导和项目成果的评价。2021 级风景园林在《园林植物应用》课程教学过程中，在花卉设计部分以 2023 成都·大学生主题花境设计大赛作品征集竞赛为项目驱动，见图 4.49 所示，组织学生在课程学习过程中组队参加竞赛，有效地将课程理论与实际项目结合，通过两次方案汇报、改进，最终参加竞赛，学生的设计实践能力得到了很大提升。2021 级风景园林在花境设计部分的驱动项目则为在学校内部选择一处需要进行提升的节点，进行花境方案设计。同样通过方案汇报和评图，充分展示了学生的观察能力、问题分析和解决的能力以及设计实践能力。然后各组根据花境设计方案进行花境的落地施工，成功打造校园亮点景观。

图 4.49　2023 成都·大学生主题花境设计大赛作品征集竞赛项目
（资料来源：智慧教学平台）

3.个人学习与团队式学习模式结合，提高课堂与实践的有效性

《园林植物应用》课程教学和实践项目的设置上，个人项目与团队项目结合，打造高效课堂的教学模式。如小论文撰写、调查报告以及根据企业指定项目，三个项目任选其一进行的方案设计作为个人项目，可以较好地锻炼和评价学生的逻辑思维、文字表达以及独立完成方案设计实践的能力，而PBL课堂教学任务完成、花境方案设计与施工、明湖校区植物景观提升设计作为团队合作项目，能够唤醒学生个体的潜能，激活学生群体的激情，发挥集体智慧的功效，提高教学的有效性。

4.第二课堂结合第一课堂，发挥实践育人作用

后期在《园林植物应用》应用型课程建设中，计划将第二课堂引入课程建设中来，将我校校园景观为本课程第二课堂的主阵地。我校龙山校区作为新建校区，景观绿化需要提升的空间非常多，可以作为本课程的实践活动开展场地。同时学校春季和秋季植物景观是六盘水本地重要的景观打卡点，教师团队可以组织和指导学生成立学校"自然教育"工作坊、"康复景观"工作坊、"花园建造"工作坊，以植物景观推动校园特色文化节等，既是课程理论知识的落地表现，也可以帮助丰富校园文化，打造学校名片。多元化的第二课堂实践，能有效打破不同课程所学知识和技能的界限，让学生在综合实践中更多维度地认知专业、认知风景园林植物，并提升实践技能的专业性和综合性。专业拓展实践对于学生风景园林植物应用能力的提升总结为两个方面：一是纵向扩展。通过教师引导学生参与学科拓展实践，让学生对专题性植物建立系统和专业的知识技能基础，同时提升学生的植物栽植养护、配置应用、景观建造等专业技能。二是横向打通。通过学生自主参与多元化实践活动，让学生内化巩固所学植物知识技能，并以趣味性、科普性、多样性角度拓展对植物的认知，锻炼其讲解表述、生态建造、艺术创作等综合实践能力。

五、《园林植物应用》应用型课程考核评价

根据《六盘水师范学院关于印发应用型课程建设实施方案的通知》文件精神，应用型课程考核评价以应用能力考核为导向，重视学生动手能力、实践能力、应用能力和创新能力等方面的评价。变单一的课程理论考试为依据教学计划和教学质量标准，对学生从必备知识、应用能力、综合素质等方面进行综合考核和评价。推行多个阶段（平时测试、作业测评、课外阅读、社会实践、期中考核、期末考核等）、多种类别（校内考核、社会等级考核、合作行业企业考核等）、多种形式（网络化考核、纸质化考核等）的考核制度，加强过程性考核，强化学生课外学习。《园林植物应用》在前期进行应用型课程改革探索中，已经初步建立了考核评价内容和体系。评价主要由过程性评价和终结性评价两部分组成，具体项目及评价占比如表4.9所示：

表 4.9　《园林植物应用》应用型课程评价内容

（资料来源：作者自绘）

评价类型	考核项目类型	考核内容	成绩占比
过程性评价	个人项目	智慧教学平台线上学习	教师评价占比80%，学生互评占比20%
		小论文撰写	
		校内外植物景观调查分析报告	
	小组项目	花境方案设计及施工	教师评价占比70%，组间互评占比10%，组内互评占比20%
终结性评价	个人项目	校园、庭院、居住区和公园植物景观设计4个项目任选其一进行的植物景观方案设计	授课教师评价占比50%，企业导师评价占比50%

《园林植物应用》课程内容和实践项目设置紧密结合学校定位和专业人才培养目标，满足园林行业的实际需求。在课程学习过程中，采用线上+线下的混合教学模式，以及 PBL 教学法、案例教学法等，学生课堂参与度大幅提高。同时通过课程学习和实践项目锻炼，学生从仅掌握园林植物基础知识到能够按照植物景观设计程序完成植物景观设计方案的场地调研和独立利用 CAD、PS、SU 等软件和景观手绘技法等完成场地分析、草图构思、方案确定、方案深化，并且能够实施植物景观的施工过程、描述主要园林植物的养护要点等。通过即时的课堂反馈以及教务系统中学生对本课程的评教结果来看，大部分学生从改革后《园林植物应用》课程中获得感高，实践操作能力得到了有效提升。

《园林植物应用》课程进行线上+线下混合+虚拟仿真+真实实践项目驱动教学的改革后，课堂教学的压力被学生线上学习所分担，可以将更多的精力放在疑难点的解决上，学生的获得感更多，课堂质量也更好。同时引入虚拟仿真实验辅助教学，学生反馈较好，认为虚拟仿真的效果比图片展示更为直观，更能真实带入植物景观空间环境的体验。而将可以进行实地调研、设计和落地的项目或者竞赛项目作为课程内容学习的驱动力和课程考核评价内容，学生的参与度和满意度都很高。并且引入企业专业人员对学生的植物景观设计方案进行指导和评图，可以让学生更加了解行业动态和企业真实需求。

六、小结

《园林植物应用》应用型课程内容和实践项目设置紧扣学校定位、专业人才培养目标和行业需求，以西南地区特色植物和植物景观设计为主，凸显地域特色。课程内容上将课程内容整合为三大模块：基础理论、方法与程序、设计项目与实践，形成知识和能力的进阶性培养。课程内容分为课程教学采用线上+线下混合+虚拟仿真+真实实践项目的教学方式，同时采用过程性考核与终结性考核结合、个人考核项目与团体考核项目结合、校内教师与企业导师结合的课程考核方式，可以多维度考察学生的知识目标、能力目标、素质目标达成。

同时本课程将基础理论知识放线上教学部分，由学生自主学习完成，充分锻炼学生的自学能力，将线下课堂解放出来解决具有挑战性的难点问题；引入企业导师参与课程实践项目的指导和评价，将课程教学与行业需求紧密结合；课程实践项目与企业需求和真实竞赛项目挂钩，实战性更强；将虚拟仿真平台引入教学环节，改变传统课堂；《园林植物应用》作为第一课堂，利用其教学产出成果开展第二课堂教学，全面培养学生解决实际问题的能力。总体上，《园林植物应用》课程向应用型课程进行教学改革，能有效地培养学生的实践能力和创新能力，满足社会和行业的需求，也符合学校办学定位和风景园林专业的人才培养目标。

第五节 "三全育人"理念下园林植物类课程思政教学改革研究

一、概述

2016 年 12 月，习近平总书记在全国高校思想政治工作会议强调，高校思想政治工作关系高校"培养什么样的人、如何培养人以及为谁培养人"这个根本问题。要坚持把立德树人作为中心环节，把思想政治工作贯穿教育教学全过程，实现全程育人、全方位育人，努力开创我国高等教育事业发展新局面。随后，各大媒体纷纷刊登习近平总书记重要讲话内容，并发表述评，"课程思政"第一次见诸报端。2017 年 2 月，中共中央、国务院印发了《关于加强和改进新形势下高校思想政治工作的意见》，明确指出"要坚持全员全过程全方位育人，把思想价值引领贯穿教育教学全过程和各环节"。2017年12月，教育部党组印发《高校思想政治工作质量提升工程实施纲要》，第一次在国家部委文件中正式提出"课程思政"概念，并将课程育人列为"十大育人"体系之首。从2017年开始到目前为止，党和国家出台一系列文件和政策，明确了各高校开展"课程思政"建设的指导思想并提供了政策保障。

目前，不同的研究学者和实践高校对"课程思政"内涵的解读和实践方式各有不同。总体而言，对其内涵的解读主要分为新的课程观、新的教育理念、系统的育人体系和新的教学方法四种观点。对"课程思政"实践路径的探索，主要包括从宏观出发的"大思政"格局构建、从中观出发的课程体系建设、从微观出发的"课程思政"元素发掘三个方面的探索。在宏观层面，提出主体协同、内容协同和方法协同构建"大思政"格局的实践路径，以及"育人联动共同体"的建设路径和一体化管理路径。在中观层面，提出通过学科专业人才培养的顶层设计，立足于培养什么样的人的育人蓝图，构建"课程思政"体系，建构有效的课程改革机制。在微观层面，主要从教师、教材、学生、课程、教学方式、评价制度等方面对"课程思政"建设进行了探讨。

在"三全育人"视域下，师生应是课程思政的共同主体，第一课堂、第二课堂是实施课程思政最直接最重要的主体空间，也是师生共同参与课程知识构建的重要场域。但课程知识的构建是一个包括知识的选择、组织与传递的过程，其关键就是解决选择什么知识作为课程知识，按照什么原则组织课程知识，以及采用什么形式传递课程知识和传递效果如何评价的问题。

二、研究意义

随着经济的发展和人们环境意识的增强，人们越来越渴望得到优美的生活环境，因此建设生态良好的、可持续发展的人居环境被逐步提上日程。植物作为生态环境的调节器，在改善生态环境、降低噪声、增加空气湿度、涵养水源等方面发挥了重要作用。同时，植物与山水、建筑共同构成了园林的主要内容。英国造园家克劳斯顿提出：园林设计归根结底是植物材料的设计，其目的就是改善人类的生态环境，其他的内容只能在一个有植物的环境中发挥作用。2006年中国工程院资深院士陈俊愉先生指出：风景园林学科涉及的知识面广，该学科最大的特色应该体现在园林植物方面。《风景园林专业本科指导性专业规范》指出，风景园林历史与理论、园林与景观设计、地景规划与生态修复、风景园林植物应用等是风景园林本科专业的主干学科，培养的学生应该掌握风景园林规划与设计、风景园林建筑设计、风景园林植物应用和风景园林工程与管理的基本理论和方法等。由此可看出园林植物设计知识是园林设计的基础，是风景园林（园林）专业教学体系中的重要组成部分，是人居环境科学三大学科（建筑学、城乡规划学、风景园林学）中唯一以"具有生命力的植物"为教学内容的课程类别，在生态文明建设和生态修复中具有重要的作用。随着美丽乡村建设的进一步实施，新农科建设要求相关涉农专业面向新农业、新乡村、新生态，肩负乡村振兴、生态文明和美丽中国建设的使命。

我校风景园林专业所开设的园林植物设计类核心课程仅有《园林植物学》和《园林植物应用》两门课程，且没有配套的实践课程。主讲教师在教学过程中虽然也有进行课程内容、考核方式、课程思政方面的改革探索，但是仍存在着"重物""轻人""少魂"的问题。同时园林植物设计类课程的前置课和后置课程数量虽多，但是课程之间相互孤立、缺乏整合，各课程主讲教师无法有效把握在其他课程中园林植物模块的教学内容、教学方式、教学目标达成情况，也使得本专业学生的动手实践等关键能力培养缺少协同。学生仅仅掌握碎片化的植物知识或者应用技能，缺乏真实情境下解决复杂园林问题的能力，也忽视学生情感体验和工匠精神的培养。

因此，把握好、运用好"三全育人"模式与课程思政内涵，探索地方院校风景园林专业植物设计类课程内容和思政内容构建及教学设计的理论与实践，是解决好"学什么""怎样学""学的成效如何"等问题的关键，也是真正发挥植物设计类专业核心课程在传递价值导向、锤炼专业责任感、提升职业道德和职业规范、塑造行业人才等特殊思想政治功能的出发点和落脚点。

三、项目研究主要内容、研究思路、研究方法

（一）主要研究内容

1.聚焦风景园林专业关键能力培养的园林植物设计类课程目标凝练和建设

立足我校办学定位，以培养符合山地城市和城乡人居环境建设的需要的应用型风景园林人才培养目标为逻辑起点，逐层分解形成园林植物设计类课程的培养目标，以培养学生解决真实情境下的复杂园林问题为核心，聚焦园林植物应用关键能力（认知、培育、设计、工程营建、管理等）培养，进而以关键能力的培养为统领，确定园林植物设计类主干课程和有交叉模块课程的各章节在价值引领、知识传授和能力培养 3 个方面的具体教学目标体系。

2.构建实践目标导向，"理论——实践"一体化设计的园林植物设计类课程全过程链

以真实情境下复杂问题的实践动手能力培养为园林植物设计人才培养的核心目标，以"讲述中国文化和生态理念"作为主线，构建园林植物设计类课程链。我校风景园林专业的植物设计类核心主干课程仅有《园林植物学》和《园林植物应用》，且课时分别为 32 课时，共计 64 课时，完全独立依靠这两门核心主干课程去培养应用型人才在风景园林植物应用方面的能力是完全不够的，就需要将园林植物设计类课程构建为一个完整的课程全过程链，各个课程之间既有独立的授课内容，又具有较强的联系性和先后关系。目前我校风景园林专业植物设计类课程体系梳理见第三章第一节内容中图 3.1。

整体上是以《园林植物学》和《园林植物应用》课程作为核心，遵循"循序渐进—交叉渗透—整合提高"的规律进行设置的。但是，教学过程中课程群体之间缺乏交流，植物设计内容在前置基础理论课和后置设计课程中没有

独立的模块体现，无法达到全过程培养。因此需要整合多门课程教学资源，打破园林植物设计类课程之间相互孤立的局面，打造贯穿全培养过程的园林植物课程链体系，打造 4 年不断线的园林植物设计课程教学体系，深化园林植物类课程的教学改革，使学生从前置课程《风景园林学科导论》《风景园林历史与理论》中园林植物的"生境感知"学起，逐步上升到《园林植物学》的"情景认识"体验，最终在《园林植物应用》中学会"空间意境"表达，从而在《景观生态学》《地景规划与生态修复》《风景园林工程设计》等课程中实现园林植物设计知识和价值认知的"蝶变"，并通过《生产实习》《毕业设计》对园林植物设计类课程全过程链进行实践检验。

在园林植物设计类课程全过程链的设计中，前期"植物感知"阶段的课程学习中，要着重将传统文化和价值观教育于专业课程教学，我国传统文化中的植物意境和君子比德思想，是我国传统园林中植物造景艺术的重要内容，将植物与诗词、艺术的故事、植物与历史兴衰的关系、植物与人的故事作为课堂教学的重要内容，可以培养学生对中国历史的认知和传承。在初期园林植物的"情景认识"阶段的课程学习中，则要引导学生学习园林植物营造生境和小气候的科学方法，认识到园林植物承担的生态角色。在中期"空间意境"表达阶段，将生态文明和美丽中国理念融入园林植物设计教学，如将"景观生态学"课程中景观格局分析实践成果运用于"园林植物应用"设计实践，以凸显"以人为本、尊重自然、传承历史、绿色低碳"的现代发展理念，体现教学内容前沿性、时代性、衔接性。

3.转变教学理念，实施线上线下混合教学方法，建设"学生——教师"一体化，着力打造实践平台的全方位教学模式

园林植物设计类课程以培养创新型、应用型学生为目标，在课程全过程链中要始终贯彻"以学生为中心"的教育理念，不仅要注重课堂教学，还要注重课前和课后的自学。课前教师可利用微课和任务驱动引导学生主动进入学习，线下教学中充分运用雨课堂、翻转课堂进行教学，强化学生的主体学习地位，课后引导学生查阅文献和优秀的设计案例，开展方案抄绘、案例研

读、课题探讨等学习；充分利用慕课、学习通等网络平台的优质教学资源，鼓励学生在课堂学习的基础上，课外自学设计绘图、建模软件，充分激发学生的自我驱动能力，锻炼学生独立解决问题、自主探究和时间管理能力。

邀请校外设计单位具有多年工作经验的工程师、设计师以及"双师型"教师围绕园林植物设计类课程开展集体备课、教学研讨、联合实践、集中评图等教学活动，不仅可以传授给学生最前沿的专业理论知识，还能够言传身教，和学生分享工作经历，让学生对专业未来有更深切的体会，增强专业认同感和自信心。

在此基础上，要创设条件，大力推动园林植物设计类实践平台的建设，如花园营建节。这是一种基于传统教学模式对园林植物设计类课程进行线下深度改革。通过集中展示、共同参与等多种形式，举办融合植物种植配置、工程营建等多个主题的"生态设计营建节"，通过工程营建，进一步弘扬植物中的文化表达，创立"生态设计"品牌；深度调动多年级、多专业学生的自主性，通过小组自主设计，自主施工完成一系列设计建设工作，践行园林植物设计人才培养目标。

4.建立"产—学—研"一体化，全员参与的人才培养模式

园林植物设计类课程非常容易与乡村振兴、美丽乡村、生态文明等社会特点紧密相连。因此，开展以研促学，结合课程知识参与学科竞赛和科研活动，鼓励学生结合课程相关知识，申报大学生创新创业训练计划、大学生科研、互联网＋、挑战杯等项目，参加园冶杯、大学生乡村规划实践等学科竞赛，促进学生全面发展和个性化发展，拓宽学生的专业视野，提升学生的创新思维和实践能力。同时课程教学还应贯彻全员育人理念，实施"学校—社会—学生—家庭""四位一体"的育人机制。与企业共建校外实践教学基地，落实校企产学研合作。例如，在项目模拟实训环节由企业协助出题，采用真实项目"真题假做"，还原园林植物景观设计原项目完整流程；召开模拟评审会，邀请校外导师、行业专家参与评审；建立毕业生长期跟踪机制，根据用人单位的反馈意见进一步优化课程设计。通过全社会协同育人，为国家和

地方输送具有大国工匠精神的风景园林设计专门人才。

5.建立课程考核评价方式，反向验证融入思政元素的课程教学目标和教学设计

课程考核评价应贯穿教学管理的全过程，注重过程性成绩的考核，重视课程思政效果的考核。过程考核应该涵盖对课前自主学习能力和效果的评价；课中通过学习通、雨课堂、翻转课堂、方案汇报等方式主动参与学习的评价；课后通过学习通完成章节复习、设计方案、小组团队作业以及期末设计大作业或者期末考试来对植物设计知识的掌握和运用能力、团队合作意识、沟通协作能力、职业素养和职业技能方面进行评价。同时期末通过线上发放问卷，使学生作为评价主体对课程教学效果进行评价。教师根据评价结果以及毕业生、就业单位的反馈意见，反向验证教学目标和教学设计是否需要优化，并提出优化方案，在下一轮课程的教学活动中持续进行改进。

（二）研究思路

本项目研究主要分为三大部分：首先是基于风景园林专业关键能力培养的园林植物设计类课程目标凝练和建设，其次是"三全育人"的课程思政和教学环节的实施，包括园林植物设计类课程全过程链、全方位教学模式和全员参与的人才培养模式，最后以课程考核评价反向验证课程目标以及教学环节的设计。具体的研究路线如图4.50所示。

（三）研究方法

1.文献研究法

充分利用校内外资源，查找、搜集园林植物设计类课程教学和课程思政相关的图书、案例、文献资料等，进一步梳理本项目的研究现状、思路，为后期研究奠定基础。

2.调查分析法

通过在项目实施过程中，对获取的各种评价数据进行分析，从而分析学

生的学习动态和学习效果，并通过搜集学生反向评价数据和资料作为评价教学改革研究成果的重要依据。

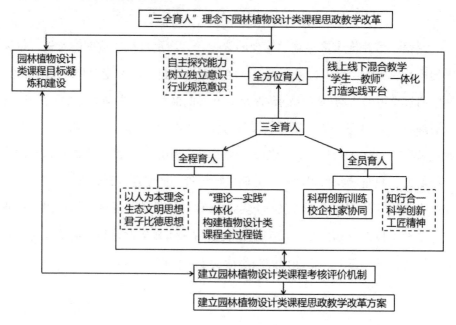

图 4.50　"三全育人"理念下园林植物类课程思政教学改革研究框架
（资料来源：作者自绘）

3.实验研究法

结合本项目的研究思路，在具体实施课程思政改革后，以评价结果反向验证教学目标和教学设计，根据验证结果进一步反思并优化，促成思政课题研究结果的完善和达到持续改进的目的。

4.经验总结法

通过对园林植物设计类课程思政教学活动的实施，总结经验教训，使以后的教学工作去除盲目性，提高自觉能动性和科学性。

四、项目研究的重点难点、基本观点、拟解决主要问题和创新之处

（一）重点难点

1.项目重点：

（1）园林植物设计类课程目标凝练和建设。

（2）"理论—实践"一体化设计的园林植物设计类课程全过程链建设。

（3）园林植物设计类课程思政元素挖掘，建立课程思政案例。

（4）线上线下混合+注重实践的园林植物设计类课程思政教学过程设计。

（5）"产—学—研"一体化的人才培养模式建设。

2.项目难点：

园林植物设计类课程群体较多，除核心主干课程之外，要协调多门前置基础理论课和后置设计课以及综合实践课，将园林植物设计模块的培养要求和培养内容融入这些课程的教学目标、教学设计、教学评价中，需要统筹安排和设计，具有一定的难度。

（二）基本观点

（1）园林植物设计类课程在培养符合山地城市和城乡人居环境建设需要以及具备爱国情怀、社会责任感、较高行业道德、生态思想的应用创新型风景园林人才方面具有重要作用，将思政元素融入植物设计类课程群整体的建设中是非常有必要的。

（2）要落实"全员、全方位、全过程"的"三全育人"精神，就必须建立"产—学—研"一体化全员参与的人才培养模式，"学生—教师"一体化，线上线下混合教学＋实践平台的全方位教学模式，"理论—实践"一体化设计的园林植物设计类课程全过程链。

（3）课程考核评价应贯穿植物设计类课程教学的全过程，注重过程性成

绩的考核，重视课程思政效果的考核。并且以评价结果反向验证和优化教学目标、教学过程和培养模式，从而达到持续改进的目的。

（4）以课程思政推动教学目标的优化和教学内容、教学设计的改革，而优化后的教学内容和教学设计反向推动和提升课程思政效果，最终达到课程群以及专业育人目标。

（三）拟解决主要问题

1.园林植物设计类课程目标凝练和建设。

2.建设园林植物设计类课程全过程链，统筹前置理论基础课程、后置设计课程、综合实践课程中园林植物设计模块的目标设立、内容安排和考核评价。

3.园林植物设计类课程思政元素的挖掘、融入和案例建设。

4.线上课程资源的建设，实践品牌的创立，企业与专业人才培养的联动。

（四）创新之处

将"三全育人"的模式运用到园林植物设计类课程群的教学改革中，通过凝练教学目标、构建"理论—实践"一体化的课程全过程链、搭建"学生—教师"一体化的全方位教学模式，以及"产—学—研"一体化全员参与的人才培养方式，将课程思政全过程融入，达到培养符合山地城市和城乡人居环境建设需要以及具备爱国情怀、社会责任感、较高行业道德、生态思想的应用创新型风景园林人才的目的。

第五章 地方高校植物景观类课程实践成果

　　实践环节在课程中的作用是多方面的，它不仅能够巩固和深化理论知识、提高学生的实践能力和综合素质、增强团队精神、激发学生的创新思维，还能够提升学生的专业素养、检验和评价学生的学习成果、促进课程内容的更新和完善等，对于学生的全面发展和教学质量的提高具有重要意义。在对两门植物景观类课程进行教学改革研究时，课程实践环节也是重要的改革内容。且前文已经论述过园林植物类课程对风景园林专业知识体系建立的重要性，因此加强园林植物类课程实践对专业人才培养具有重要意义。本专业学生经过第二学期《园林植物学》和第四学期《园林植物应用》两门园林植物类课程的学习，已经初步具备了结合西南山地环境，运用生态学理念的以地域园林植物材料为主体设计元素的设计能力。为了更好地达到专业育人目标，授课团队将以赛促教、工程实践等方法纳入真实的教学过程中来，产生了一批课程实践成果，以下是部分教学成果展示。

第一节　园林植物应用竞赛实践成果

作为《园林植物学》的进阶和后置课程，《园林植物应用》课程更加注重在理论教学的基础上进行实践活动。其中，"以赛促教、以赛促学"是重要的实践教学途径。如2020级风景园林专业学生在进行《园林植物应用》学习时，正值2023年成都世界大学生运动会主题花境设计大赛作品征集，因此授课教师将参加此次竞赛纳入课程考核中，按照竞赛要求，全班44名同学分成22组，每组1-3人，报名参加了此次竞赛。

"2023·成都大学生主题花境设计大赛"以"跃动青春，蓉花新境"为主题，强调主题花境设计应充分体现大学生朝气无限、蓬勃生长的精神面貌，为即将到来的成都大运会注入绿色活力，挖掘成都特色乡土植物材料，展现成都地域文化传承与创新，基于生态营建理念设计绿色、低碳、可持续的近自然花境，向世界展现蓉城之美，以实践激发广大园林学子花境创作的热情，推动风景园林、园艺行业的产学研结合及成都花卉产业的展示、交流，从而推广长效花境在成都宜居公园城市建设中的应用，建设美丽成都。

在准备竞赛的过程中，通过确定主题、初稿汇报、终稿汇报、大排版展示几个环节，授课不断带领学生打磨方案，使学生在西南地区的植物应用方面的实践能力得到有效提升，以下展示4组实践成果（图5.1、图5.2、图5.3、图5.4）。

图 5.1　2023·成都大学生主题花境设计大赛——锦上添花锦

（资料来源：学生设计，作者指导）

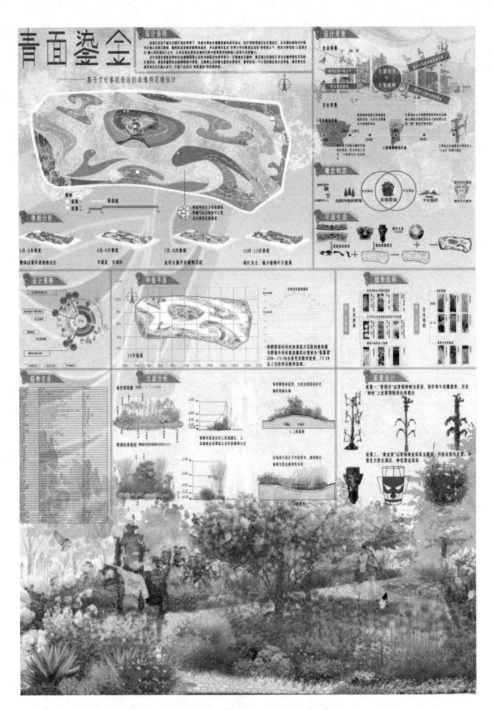

图 5.2　2023·成都大学生主题花境设计大赛——青面鎏金

（资料来源：学生设计，作者指导）

图 5.3　2023·成都大学生主题花境设计大赛——蓉城栈道 踏出新境

（资料来源：学生设计，作者指导）

图 5.4　2023·成都大学生主题花境设计大赛——江韵山情
（资料来源：学生设计，作者指导）

第二节　花境设计及施工实践成果

在园林植物类课程教学中，"以赛促教、以赛促学"的实践教学模式有利于学生创新能力、竞争意识、综合素质等，但是具体的植物景观施工能力的培养也需要有对应的项目进行检验和评价。

一、实践项目内容

在龙山指定位置根据场地环境条件、使用人群需求、节点空间要求等，设计出符合花境设计要求、主题鲜明、有一定文化内涵、可落地的花境设计方案，图纸应包含花境设计说明、花境位置图、花境平面种植设计图（其中植物配置表还应包含植物规格、用量等）、花境立面图、花境效果图纸。

初稿方案分组进行汇报，各组根据授课教师提出的修改意见对方案进行修改和深化。各组终稿方案经过汇报、定稿后，各组要根据花境设计图纸进行花境实物的施工。

二、实践项目评价标准

1.本次花境作为期末作业占课程总成绩 60%，其中图纸部分占比 40%，实践效果占比 60%。

2.成绩类型有：

小组成绩=授课教师评分*60%+打分教师评分*40%

组员成绩=小组成绩*70%+组长评分*15%+组员互评*15%

组长成绩=小组成绩*80%+组员评分*20%+小组成绩排名分

注：小组排名分为小组成绩进行排序后，1-6 名的小组组长分别加分 5、4、3、2、1、0。

3.花境图纸评分要点见表 5.1。

表 5.1　花境图纸评分表

（资料来源：作者自绘）

序号	评价项目	内容	分数	评分标准				
				优	良	中	及格	不及格
1	方案完整性	图纸内容符合作业要求，包括设计说明、花境位置平面图、花境平面种植设计图（其中植物配置表还应包含植物规格、用量等）、花境立面图、花境效果图若干。	30	27～30	24～26	21～23	18～20	＜18
2	设计理念	设计理念充分切合我校师生及校园景观需求，且符合有关法律和精神文明建设要求，内容新颖，造型优美，体量及色彩与周围环境协调。	20	18～20	16～17	14～15	12～13	＜12
3	图纸表现	设计图纸美观大方，能够准确地表达设计构思和设计意图，符合制图规范。	40	36～40	32～35	28～31	24～27	＜24
4	设计说明	设计说明能够较好地表达设计构思。	10	9～10	8	7	6	＜6

4.花境实物评分要点见表5.2。

表5.2 花境实物评分表

（资料来源：作者自绘）

序号	评价项目	内容	分数	评分标准				
				优	良	中	及格	不及格
1	与方案图纸的一致性	花境实物中所使用的植物材料种类、面积、种植位置等与方案图纸保持高度一致性。	15	14～15	12～13	10～11	9	＜9
2	景观效果	花境平面构图协调，比例得当，自然流畅；立面高低起伏，错落有致，节奏感强。整体色彩丰富、自然、和谐，主色调鲜明，主要观赏季节内开花植物应占作品平面面积1/3以上，四季有景。	30	27～30	24～26	21～23	18～20	＜18
3	植物材料	植物种类丰富，使用合理，能充分体现设计主题，能适应当地的生长环境（冬季需要辅助越冬的植物种类较少），生长状况良好，鼓励采用六盘水乡土植物资源。达到低成本、低维护效果。	30	27～30	24～26	21～23	18～20	＜18
4	施工管理	花境现场景观效果及施工质量良好，花境植物呈现明显斑块镶嵌，植物长势良好，无倒伏、折损、蔓延现象，养护及时、适度、有效。	20	18～20	16～17	14～15	12～13	＜12
5	汇报水平	汇报过程逻辑清晰，能够阐述清楚花境的设计构思，对所使用植物的学名、形态、性状等非常熟悉。	5	5	4	3	2	1

三、实践成果展示

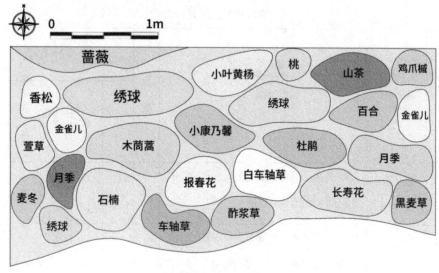

图 5.5　部分花境图纸设计成果

（资料来源：学生设计，作者指导）

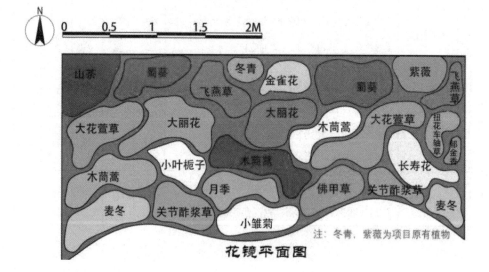

图 5.6　部分花境图纸设计成果

（资料来源：学生设计，作者指导）

图 5.7　花境实践场地原状

（资料来源：作者自摄）

图 5.8　花境实践场地整地

（资料来源：作者自摄）

图 5.9　花境实践场地土壤改良

（资料来源：作者自摄）

图 5.10　花境植物种植施工

（资料来源：作者自摄）

图 5.11　部分花境实践最终成果

（资料来源：作者自摄）

第三节　依托园林植物类课程的师生团队科研实践成果

　　课程教学成果最好的检验手段就是进行实践和应用。风景园林专业学生通过第 2 学期的《园林植物学》训练以及第 4 学期《园林植物应用》训练，已经对景观绿化设计、生态治理等方面有了一定的理论基础和实践认知，还需要通过真实的项目对其研究能力和实践应用能力进行加强。而六盘水作为矿产资源和旅游资源并行开发的地区，有着大量以资源开采为主的乡村，这些乡村大多以牺牲良好的人居环境为代价，用煤炭拉动乡村经济的发展，最后造成了对乡村人居环境先污染后治理或不治理的局面，这与我国提出的美丽乡村战略背道而驰。因此课程教学团队和部分学生组成研究团队，以《矿产资源开采型美丽乡村景观绿化现状及对策研究——以淤泥彝族乡为例》申报了2022年六盘水市哲学社会科学课题并成功立项。结合实地调研、走访、数据采集、提升设计等方式，完成了以下研究报告成果。

随着我国经济的发展和城市化进程的加快，乡村发生着前所未有的变化，大多数乡村急于快速建设和发展，往往忽略了乡村聚落景观和自然生态保护的重要性。特别是在矿产资源型村落，资源破坏和生态环境问题日益突出，带来的负面影响却没有得到足够的认识和重视。在这种情况之下，重视乡村绿化对于解决资源型乡村聚落景观和美化农村环境具有重要的意义。乡村绿化不仅能创造"绿色财富"，而且对改善农村生态环境和乡村面貌，促进乡村文明和农村经济发展，实现人与自然的和谐发展起着重要作用。

本课题以美丽乡村背景下的乡村景观绿化提升和营造为研究主题，着眼因资源开采造成淤泥彝族乡乡村绿化环境被破坏的建设现状，选取该乡具有代表性的湾田煤矿、谢家河煤矿、昌兴煤矿、岩博村、下营村以及羊柏公路作为重点研究对象，探索其景观绿化现状，结合淤泥彝族乡的乡村特色以及乡民对绿化的需求，利用专业理论知识，在对煤矿厂区、住宅、道路这三种场地类型中景观绿化现状进行分析的基础上，提出对应的景观绿化提升策略，并进行了优势植物的筛选和配置，绘制了部分设计效果图。

煤矿厂区的景观绿化提升主要为完善基础绿化，打造亮点区域，利用抗性较强的观花、观果、春色叶、秋色叶植物营造植物空间和层次变化以及季相变化，利用角隅、垂直墙体、屋顶等进行见缝插针的点状绿化，并且在必要区域设置带状防护绿地。

淤泥乡街道路段采用在中下层植物空间种植马缨杜鹃、丝兰、红花酢浆草以增加植物层次，同时使广玉兰与悬铃木间隔种植，常绿与落叶乔木搭配，营造季相变化，利用垂吊的花钵增加垂直绿化。非街道路段，在原有乔灌木群落中点状增种以观花或者观叶为主的乔灌木，形成亮点空间；在有住宅且植物层次较为单薄的路段，需在道路与住宅之间增加植物层次；在通村道路与羊柏公路的交叉口位置布置花镜和景观小品进行美化。

地处道路和煤矿厂区周边的宅院合理应用果蔬植物作为主要绿化材料，适当增加园林观赏植物，在靠近道路一侧列植一排抗粉尘污染、冠幅较大的常绿乔木用以阻挡灰尘。下层靠近院墙的位置种植抗性较好的草本花卉或花灌木点缀空间，下层地被植物可选用地被植物覆盖地面空间。种植容器以农村常见废弃物为主，保留乡村特色。

本课题可以为本地区或条件相似地区今后乡村景观绿化建设活动提供切实可行的、符合地方特色的植物景观营建指导。

一、绪论

（一）研究背景

中共中央在十九大上提出乡村振兴战略，并作为今后一段时间农村工作的总抓手。在乡村振兴战略中，农村生态环境的改善是重要任务之一。中共中央办公厅和国务院办公厅印发《农村人居环境整治三年行动方案》，强调农村人居环境是一个突出的短板，指出"改善农村人居环境，建设美丽宜居乡村，是实施乡村振兴战略的一项重要任务"。

因矿产资源多蕴藏于偏远地区，就造成了我国绝大部分矿产资源开采区都位于乡村地区，这些资源型乡村在我国长达几十年的各项建设过程中做出了巨大的贡献，但由于这些开采区长期只开采却不治理造成的生态恶化、环境污染，使得矿区群众失去了健康美好的生存环境。由此，对矿产资源型乡村进行有效治理，探求其可持续发展之路，即推进乡村治理能力现代化的重点和难点，也是对美丽乡村的深刻实践。

淤泥彝族乡是六盘水盘州市境内彝族最集中的地区，也是盘州市重点产煤乡镇之一，煤炭成为该乡的支柱产业。作为一个煤炭资源型乡村，煤炭在拉动淤泥乡经济的同时，也对当地的人居环境造成了严重破坏，亟需治理。乡村占据我国国土的大部分面积，作为乡村建设的重要组成部分，乡村绿化是防止沙漠化、水土流失，维护生态环境的前沿阵地，同时乡村绿化还体现了一个国家、民族、区域、乡村的精神面貌与发展成就。合理的乡村景观绿化可以反映出一个地区的地域特色和文化内涵以及对外形象，并且某种程度上还是一个地区经济发展水平和文明程度的体现。因此，通过景观绿化对淤泥乡进行提升治理，既是对矿产资源型乡村环境治理的有效手段，也是实现美丽乡村的重要途径。

（二）研究目的及意义

目前关于景观绿化的研究比较多地集中在城市或者发展较为成熟的农村地区，而以矿产资源开采为主的少数民族乡村的景观绿化则很少有人关注到。本课题通过对受到矿产资源开发影响的淤泥彝族乡进行景观绿化的改造和提升，符合国家高度重视农村地区人居环境和生态环境的方向，能有效提升农村居民人居环境品质，满足人民对美好生态和生活的需求，有利于凸显淤泥彝族乡的乡村风貌特色，也有助于推动民族地区的整体发展。本课题所筛选的优势树种及模式优化策略，可以为本地区或条件相似地区今后的美丽乡村景观建设和景观绿化互动提供切实可行的、符合地方特色的植物景观营建指导。

（三）国内外研究现状

国外从 20 世纪 40 年代到 50 年代开始对农村绿化景观进行研究，领先于国内形成了一套专业的学科理论体系。美国、德国、荷兰、日本等西方国家是最早开始尝试探索乡村绿化景观设计的国家。20 世纪 80 年代，学者弗曼在对绿化景观生态学进行研究的基础上，提出了"斑块—廊道—基质"的构建模式。这一模式成为今天景观生态学的基础理论，产生了深远的影响。日本则曾先后于 20 世纪 50 年代中期和 60 年代后期两次大力推进新乡村建设，进行了有名的"造町运动"和"一村一品"运动等。从 1980 年到 1990 年，他们先后对日本全国的乡村绿化景观资源的特点、现状分析、评价和规划进行了研究。从 1992 年以来，多次举办了"魅力日本乡村绿化景观大赛"，并开展评比"舒适乡村"活动。通过这些活动来促进日本国内乡村景观规划、绿化美化发展。

相比于国外，我国乡村绿化景观研究起步较晚，进行的研究探索也比较少，学科研究系统还不完善，大部分理论都来源于西方体系。长期以来，乡村景观绿化效仿城市园林绿化，并且有相当多建成的乡村绿地景观工程与当地的自然生态和人文景观极不协调，自然和谐的村貌乡韵特色退化或消失。究其原因，主要是乡村景观绿化的规划体系不完善，缺乏科学规范的绿化技术指导。从我国乡村绿化景观步入研究以来，国内很多专家都开展了积极研究探索，并取得了丰富的理论研究成果。在乡村绿地分类方面，许多专家，包括刘宾谊教授、秦华、朱文等，都认为必须尽快对我国小城镇乡村景观绿化标准的绿地进行分类，将乡村绿地系统细化分为生产生活绿地、附带绿地、景观绿地、公共休闲绿地、农林保护绿地和自然生态绿地六大类，朱雪和李辉深入研究了城乡一体化居住环境的绿地分类体系，将其划分为城市群区、城市（县）区、城镇、乡村 4 个层次。在乡村绿化规划设计方面，方明提出应该在原有的农业绿化背景基础上，建立多种点、线、面与绿色空间相结合的绿化体系。江春、朱西琴在研究我国平原区乡村绿化的基础上提出乡村绿化应充分体现以人为本、和谐发展的特点。

在当前美丽乡村建设过程中，乡村植物景观营建逐步受到重视，但总体而言，水平较低，缺乏正确的理论指导与实践认知，总结问题如下：（1）注重建筑形态风格化出新，乡村基础服务设施的改善，植物应用过于简单，单纯增绿造绿，忽视植物造景艺术。（2）自发种植，系统性差，村民依个人喜好栽植，树种杂乱，零星分散，且因缺乏相应的绿化理论指导和维护管理，景观效果不佳。（3）村庄普遍缺少系统的公共绿地，乡村植物景观城市化倾向严重，绿化配置模式、植物种类选择、养护修剪方法多盲目照搬城市园林手法，使乡村气息变味，景观杂乱无章，地域整体风貌不佳。（4）缺乏系统科学的园林绿地规划和各类绿地的具体设计，零散的园林绿化盲目模仿施工与管护等方面的指导。

（四）研究框架

本课题以美丽乡村背景下的乡村植物景观提升和营造为研究主题，着眼因资源开采造成淤泥彝族乡乡村绿化环境被破坏的建设现状，选取该乡具有代表性的矿产开采和冶炼厂区、主要道路、代表性的宅院三种绿化空间类型进行景观绿化的基础调查、分析及总结，并尝试挖掘和凝练淤泥彝族乡的乡村特色以及乡民对绿化的需求，从而提出能有效治理和改善被矿产资源开发而破坏的淤泥彝族乡乡村景观绿化的优势树种筛选和植物景观营造的配置模式，以及优化策略。本课题的研究技术路线如图 5.12。

（五）基本概念

1.乡村景观

乡村景观是区别于城市的另外一种特殊景观类型，包括了乡村聚落景观、乡村文化景观、乡村植物景观。它是乡村地区范围内的经济、人文、社会、自然等多种现象的综合表现。本课题中所涉及的乡村景观是一种综合体，涵盖了乡村聚落区和近村的山水、田、林、路等要素。

2.乡村景观绿化

近年来，国家林草局高度重视推进乡村绿化美化工作。先后在全国乡村景观发展较好的广西和浙江召开了全国乡村绿化美化现场会，同时通过印发和编制《乡村绿化美化行动方案》《国家森林乡村评价认定办法（试行）》《乡村绿化美化模式范例》，用以指导各地开展乡村美化绿化工作，从而建设了一批具有代表性的森林乡村。本课题中所涉及的乡村景观绿化概念是指在乡村景观规划范围内通过栽种植物来改善生态条件、美化和香化环境，从而提升村民宜居宜业质量的一种措施。

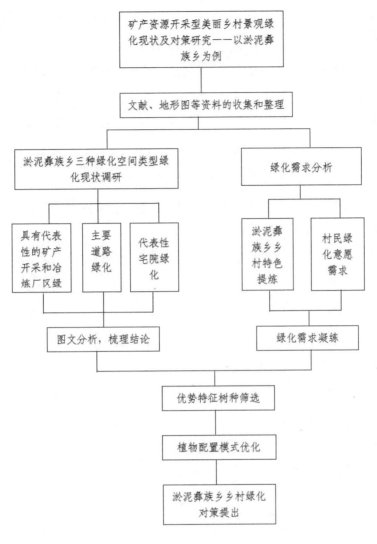

图 5.12　研究框架

（资料来源：作者自绘）

二、淤泥彝族乡景观绿化概况

（一）淤泥彝族乡基本概况

淤泥乡，是贵州省六盘水市盘州市下属的一个彝族乡，地处盘州市北部，行政区域面积 172.36 平方千米。辖 19 个行政村，1 个居委会，151 个村民小组。羊柏公路穿乡而过，成为淤泥彝族乡的主要交通干道。截至 2019 年末，淤泥彝族乡户籍人口为 31164 人。这里是盘州市境内彝族最集中的地区，除彝族外，还居住着白族、苗族、布依族等八个少数民族，占该地总人口数的 9%，而彝族则占了少数民族一半以上。因少数民族在此地聚集，导致淤泥乡的民族文化氛围浓厚。经过历代发展，创造了灿烂丰富又独特的彝族文化。这种来源于劳作生活、根植于彝族人民精神世界的文化延续至今，包括了彝族山歌、水酒和火把节。正因为独特的民族文化，2000 年，贵州省文化厅、六盘水市政府命名淤泥乡为"歌舞之乡"。

淤泥彝族乡是典型的资源型乡镇，是盘州市重点产煤乡镇之一，已探明的煤炭储量高达 1.4 亿吨。21 座有证煤矿、五座焦化厂、三座洗煤厂和年产四十万吨的大型机焦厂一座，让煤炭工业成为全乡财政稳步增收的根本保证。但这些矿产资源的开发在拉动经济发展的同时，也带来了严重的人居环境问题，如山体滑坡、水体污染、粉尘扬尘、植被破坏等。长期持续的矿产资源开采、运输、加工，加之没有合理地利用园林植物本身所具有的滞尘、杀菌等功能对厂矿、主要交通道路、宅院周边进行有目的的景观绿化提升，长此以往，造成淤泥彝族乡人居环境无法得到有效治理和改善，乡村特色不明显，人民居住幸福感降低。

（二）淤泥彝族乡乡村景观绿化概况

淤泥彝族乡地处高原盆谷地带，是典型的喀斯特地貌，地势西高东低，绵延起伏，年平均气温 15.7℃，境内有苏座河、清水河、淤泥河 3 条河流穿过。优越的地理条件使得淤泥乡植被覆盖度高，特别是自然林地的分布面积较广。经过调研发现淤泥乡的乡村景观绿化主要由公园绿化、道路绿化、山体绿化、河岸绿化、宅旁绿化、宅院绿化、企业绿化等组成。本课题选取了淤泥乡比较有代表性的三类绿化：道路绿化、宅院绿化、厂矿绿化进行调研，了解其绿化现状，并根据实际情况提出有针对性的绿化策略，选取合理的植物配置方式进行提升设计。本课题还通过走访调研了解当地乡民对景观绿化的需求。总体来看，乡民普遍认为羊柏公路上川流不息的大吨位运煤车以及煤矿开采造成的扬尘成为污染环境，破坏绿化的主要因素。因无人治理，长时间生活在当地的居民已经对这样脏污的绿化环境习以为常。如果能进行改造提升，被访问的村民和矿工对道路、宅院和矿厂绿化的需求可以总结为以下几点：（1）能利用绿化植物对道路周边进行治理，多增加一些开花植物或彩色叶植物，并且可以增加一些有民族特色的景观石或者雕塑景观。（2）对于街道绿化环境，则希望能看到植物本身的颜色，而不是覆盖了一层厚煤灰的脏乱感。街道上的绿化可以更丰富一些。（3）矿厂工人们则更希望厂区的绿化可以更有特色，绿化植物的选择可以优先选取开花植物、观果植物，在一天昏暗的矿井工作后，希望可以看到让人心情愉悦的植物。

三、淤泥彝族乡景观绿化提升策略

（一）乡村景观绿化设计原则

1.地域性

乡村绿化务必要突出乡村的本色。乡村绿化无须追求城市绿化的整齐划一，和高端名贵树木花草的栽植，而应该结合乡土特色树种的使用，以乡土树种为主，点缀一些彩叶或特色树种，做到既淳朴又不单调，既有浓浓的乡土气息，又呈现多姿多彩的景色。做到丰富视觉，沉淀乡村淳朴，留住乡村气息，凸显乡村氛围。

2.生态性

一个好的室外景观是有生命力的，要善于将自然景观群落与人工景观群落融合起来，使景观可以自然再生。在设计过程中尊重自然生态系统，减少能源消耗，使物质可以循环再利用。还要注意坚持合理利用现有树木资源，做好古树名木保护工作，避免大范围采用大树移栽、南树北调的造景方式。

乡村景观绿化要遵循春天能观花、夏季能遮阴、秋季能观果、冬季可观枝的时序季相变化，才是美丽乡村、美丽乡愁的体现。

3.可持续性

可持续发展道路一直是我国的一条特色发展之路，进行乡村景观绿化设计的过程中，可持续发展之路仍然是我们要坚守的。要考虑到现有条件的最大化利用。

4.经济性

相对于城市，大部分乡村经济较为落后，因此在美丽乡村背景下的乡村景观设计更需要遵循这一原则，在植物材料选用方面可以多使用容易养护、能够产生经济价值的林木，可以达到绿化和盈利的双重效果。

5.美观性

以前的绿化往往强调乔木树种的使用，现在的绿化则突出了乔木、灌木、藤本、草本的综合使用。在绿化过程中，因地制宜，本着宜乔则乔、宜灌则灌、高低搭配、错落有致，间或点缀绿篱、藤本廊道、木本草本花卉、造型灌木球等，把植物的多姿多彩植入乡村绿化，营造极具视觉美感的乡村绿化美化工程。

（二）淤泥乡煤矿厂区绿化现状及提升策略

矿产资源开发的过程总是伴随着三废污染，严重危害到矿区周边的土壤环境、水质环境和土壤环境。煤矿环境污染主要表现为大气污染、水污染、土壤污染。伴随煤炭开采工作的进行，不仅产出了具有重要经济价值的煤炭，还产生了二氧化硫、一氧化碳等有害气体而大量排放进入大气环境。煤炭的开采，还影响到该地区地下水系统的稳定，加之周边配套的洗煤厂、焦化厂要用到大量的水，大量被污染的水未处理达标就排放进了当地水系，从而引起更大范围的污染。煤矿开采过程中还产生了一种可占煤炭产量10%到20%的煤矸石，伴随煤矸石还产出了大量烟尘、二氧化硫、硫化氢等有毒气体，煤矸石长期堆放可引起爆炸。因此对煤矿厂区进行合理绿化，既有利于矿区环境的生态治理，也是美化和提升厂区形象的有效手段。

　　淤泥乡境内现有21座有证煤矿和多座洗煤厂。本课题选取了湾田煤矿、邦达能源昌兴煤矿以及谢家河沟煤矿进行调研，见图5.13、图5.14、图5.15，所调研厂区内骨干植物见表5.3。综合来看，所调研的煤矿厂区内的绿化植物材料基本相似，且呈现出办公区和生活区绿化较为丰富，覆盖度较高，常绿植物占比较大，开花植物、落叶植物、彩色叶植物较少，见图5.16、图5.17；煤矿生产区域基本没有绿化，见图5.18；并且所有厂区的绿化区明显缺乏后期养护。湾田煤矿和谢家河沟煤矿办公区植物配置层次性不强，观赏性较差，见图5.16、图5.17；邦达能源昌兴煤矿办公区景观绿化表现出较好的层次性和空间变化，见图5.19。

　　后采访厂区绿化工作人员得知，厂区内绿化并没有进行过专业的设计，采购回苗木后模仿其他地方常见做法进行栽种，因此厂区内景观绿化美观性不强，未考虑植物层次和空间变化的问题，且选取的绿化材料也未从抗污染这一角度考量。

图5.13　湾田煤矿
（资料来源：作者自摄）

图5.14　谢家河沟煤矿
（资料来源：作者自摄）

图 5.15　昌兴煤矿

（资料来源：作者自摄）

表 5.3　淤泥乡煤矿厂区绿化骨干植物统计表

（资料来源：作者自绘）

	湾田煤矿			谢家河煤矿			昌兴煤矿		
	植物名称	类型	观赏点	植物名称	类型	观赏点	植物名称	类型	观赏点
乔木	梓树	落叶乔木	观花观果	梓树	落叶乔木	观花观果	梓树	落叶乔木	观花观果
	石榴	落叶乔木	观花观果	构树	落叶乔木	观果	栾树	落叶乔木	观叶
	桂花	常绿乔木	观花	毛桃	落叶乔木	观花观果	杨梅	常绿乔木	观叶观果
	山玉兰	常绿乔木	观花	紫叶李	落叶乔木	观花、叶、果	罗汉松	常绿乔木	观树形
	香樟	常绿乔木	观树形	大叶女贞	常绿乔木	观叶	桂花	常绿乔木	观花
	雪松	常绿乔木	观树形	榆树	落叶乔木	观叶观果	紫叶李	落叶乔木	观花、叶、果

	湾田煤矿			谢家河煤矿			昌兴煤矿		
	植物名称	类型	观赏点	植物名称	类型	观赏点	植物名称	类型	观赏点
	大叶女贞	常绿乔木	观叶				杏树	落叶乔木	观花观果
							石楠	常绿乔木	观树形
							棕榈	常绿乔木	观树形
灌木	大叶黄杨	常绿灌木	观树形	日本女贞	常绿灌木	观叶	红花檵木	常绿灌木	观花叶观树形
	雀舌黄杨	常绿灌木	观叶观树形	悬钩子	落叶灌木	观果	紫叶小檗	常绿灌木	观叶
	红花檵木	常绿灌木	观花叶观树形	红花檵木	常绿灌木	观花叶观树形	雀舌黄杨	常绿灌木	观叶观树形
	红叶石楠	常绿灌木	观叶观树形	红叶石楠	常绿灌木	观叶观树形	日本女贞	常绿灌木	观叶
	杜鹃	常绿灌木	观花	常春藤	常绿灌木	观叶	刺葵	常绿灌木	观叶观树形
	山茶	常绿灌木	观花观叶	山茶	常绿灌木	观花观叶	山茶	常绿灌木	观花观叶
	三角梅	常绿灌木	观叶				杜鹃	常绿灌木	观花
草本花卉	大丽花	球根花卉	观花	毛竹	常绿草本	观叶			
	芭蕉	宿根花卉	观叶						

图 5.16　湾田煤矿办公区绿化　　　　图 5.17　谢家河煤矿办公区绿化
（资料来源：作者自摄）　　　　　　（资料来源：作者自摄）

图 5.18　湾田煤矿作业区绿化　　　　图 5.19　昌兴煤矿办公区绿化
（资料来源：作者自摄）　　　　　　（资料来源：作者自摄）

基于调查结果，对淤泥乡煤矿厂区景观绿化提出以下总体提升策略：

（1）绿化材料上优先选用乡土植物、能够抵抗有害气体和滞尘效果好的植物。例如乔木类：广玉兰、棕榈、构树、刺槐、桂花、圆柏、柑橘、木槿、香樟、臭椿、悬铃木；灌木类：大叶黄杨、海桐、瓜子黄杨、山茶、女贞、小叶女贞、红叶石楠、紫叶小檗、十大功劳、栀子、月季、夹竹桃等；草本花卉类：观赏草、蜀葵、金盏菊、万寿菊、石竹、波斯菊、黑心菊、石竹、一串红、鸢尾、葱兰等。

（2）提升重点区域的景观绿化，打造良好的厂区对外形象。这些区域的绿化营造可以选取花期长、花色鲜艳、带有香味的开花植物或异色叶植物。

（3）丰富植物空间层次，营造植物群落景观，既可以有效防尘降尘，也能保证厂区内生态系统的丰富和稳定。并采用见缝插针的手法，对厂区内边角区域进行绿化。

（4）充分利用立体绿化，如攀援植物、垂吊花钵等，以增加绿量和美化环境。

下面以湾田煤矿为对象，进行景观绿化提升：

1.办公区景观绿化提升

湾田煤矿办公区域现有景观绿化以常绿的乔灌木植物为主，秋色叶植物基本没有，草本和地被植物种类较少。植物组团分层明显，没有过渡层，景观效果比较呆板，群落效果较差。办公楼前绿化主要由山玉兰、桂花、雀舌黄杨、三角梅四种植物组成，种植形式为方形树池式和带状绿篱，树池内种植的三角梅过于稀疏，见图5.20。综合楼建筑入口处没有绿化，仅在侧面有较小的游憩场地的布置，见图5.21。办公区部分墙体裸露，缺乏亮化，见图5.22。

具体提升设计上，办公楼入口处应以丰富植物空间，亮化入口形象为主。在原有雀舌黄杨组成的规则式绿篱种增加金叶女贞球，形成植物起伏的曲线，并丰富中层空间；在绿篱边缘增种万寿菊，形成地被层；在告示牌后侧种植耐荫的八角金盘，以填充角落空间；在丹桂树池中种植草本植物石竹，以覆盖裸露的土壤，提升前后的效果见图5.23、图5.24。另一侧的花坛则通过增加苏铁、栀子和景观石丰富植物组团层次空间，提升前后的效果见图5.25、图5.26。

图5.20 湾田煤矿办公区绿化
（资料来源：作者自摄）

图5.21 湾田煤矿综合楼绿化
（资料来源：作者自摄）

图 5.22　湾田煤矿办公区裸露墙体

（资料来源：作者自摄）

图 5.23　湾田煤矿办公区入口现状

（资料来源：作者自摄）

图 5.24　湾田煤矿办公区入口提升效果
（资料来源：作者自绘）

图 5.25　湾田煤矿办公区侧面花坛现状
（资料来源：作者自摄）

图 5.26　湾田煤矿办公区侧面花坛提升效果
（资料来源：作者自绘）

对综合楼的绿化可以采用点状绿化，如通过摆放盆栽和在扶手处悬挂种植钵，可种植微型月季、山茶、鸢尾、石竹等抗污染且开花美丽的植物。

办公区的垂直墙体可以采用在墙体上布置种植槽，种植垂吊花期较长的藤本月季形成花墙进行绿化，这种垂直绿化可以为建筑物遮阴、抑制建筑物表面的风化和腐蚀、减少建筑物表面的温差裂缝，又可以赋予建筑物以生机，丰富绿化层次，增加绿量，美化厂区景观。提升前后的效果见图5.27和图5.28。

2.生产区景观绿化提升

由于该区域中存在空气灰尘较大的问题，所以绿化工作重心应集中在空气净化方面，为矿区作业人员创造良好的生产环境。在绿化植物选取时，确保树木生长速度的同时，还需综合考量植物本身在有害气体吸收以及粉尘吸收方面的能力。该区域现有植物数量少，基本为原生植物且呈现点状分布。具体的提升策略为采用"见缝插针"的手法，并且利用好垂直墙面和屋顶做好绿化。在该区域可种植植物的角落种植云杉、侧柏、连翘等能够吸收有害气体和吸收粉尘，适合矿区绿化的植物。在垂直墙体上设置种植槽，种植抗性较强的疏花蔷薇。

图 5.27　湾田煤矿办公区裸露墙体　　　　图 5.28　湾田煤矿办公区墙体提升效果
　　（资料来源：作者自摄）　　　　　　　　（资料来源：作者自绘）

3.生活区景观绿化提升

　　该区域主要为厂区的就餐区域。景观基本由常绿乔灌木香樟、小叶女贞搭配构成，且乔木稀疏，没有大树荫蔽，缺乏主景和亮点植物。对该区域的绿化策略是沿墙体增加行道树，香樟和悬铃木间隔成行种植，既可以为停放车辆遮阴，也可以为生活区阻挡灰尘，营造洁净的生活场景。乔木的下层空间种植栀子花，形成带状的花篱。墙体上从栏杆处悬挂花钵对墙体进行美化，可种植万寿菊、金光菊、红花酢浆草、石竹等草本植物。提升前后的效果见图 5.29、图 5.30。

图 5.29　湾田煤矿生活区绿化现状

（资料来源：作者自摄）

图 5.30　湾田煤矿生活区绿化提升效果

（资料来源：作者自绘）

（三）淤泥乡宅院绿化现状及提升策略

乡村宅院是乡民日常活动发生最频繁的场所，因此庭院景观绿化影响巨大。本课题重点选取了距离羊柏公路和煤矿较近的下营村的村民住宅以及距离公路和煤矿较远的岩博村村民住宅进行调研。

通过调研，发现村民的宅院中的绿化植物以果木和蔬菜居多，果木包括梨树、杨梅、桃树、葡萄、橘树等，蔬菜则包括魔芋、茄子、佛手瓜、辣椒、番茄等，也有少量的观赏植物，如万寿菊、月季、凤仙花、一串红、大丽菊等，种植容器多采用废弃的砖瓦、铁锅、油桶、塑料制品或者用废弃砖瓦沿墙堆砌而成的种植池，非常具有乡村特色，见图5.31、图5.32。

图5.31　下营村宅院绿化　　　　　图5.32　下营村宅院绿化
（资料来源：作者自摄）　　　　　（资料来源：作者自摄）

本次调研的岩博村因地处藏龙山半山腰，远离道路及厂区，污染程度较小，周边林地环境较好，加之岩博村闻名遐迩的"人民小酒"带来的旅游和对外培训潮，该村道路和宅院及公共场所的整体景观绿化环境都较好，见图5.33、图5.34，可提升的空间较小。

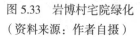

图 5.33　岩博村宅院绿化 　　　　　图 5.34　岩博村宅院绿化
（资料来源：作者自摄） 　　　　　　（资料来源：作者自摄）

　　而下营村的村民住宅因地处道路和煤矿厂区周边，受到的粉尘污染较大，环境较为恶劣，景观绿化组成主要依靠路侧公共绿地或宅院旁种植的作物。

　　对于下营村的村民宅院景观绿化提升，从以下几个方面进行：（1）在尊重村民将蔬菜作物作为庭院绿化材料的基础上，增加园林观赏植物，在靠近道路一侧列植一排抗粉尘污染、冠幅较大的常绿乔木，可选择香樟、大叶女贞、马尾松、杉树，用以阻挡灰尘。下层靠近院墙的位置种植山茶、大丽花、美人蕉、木蓝、榆叶梅等抗性较好的草本花卉或花灌木点缀空间，下层地被植物可选用蔓生的常春藤覆盖地面空间。其中叶形浓绿优美、花朵硕大艳丽且多变的山茶被彝族人认为是神圣的花，在淤泥彝族乡这个彝族聚集的地方具有特殊的文化寓意，在庭院空间中可广泛应用。宅院的另一侧可种植低矮的苜蓿、蒲公英、紫花地丁等观赏性较好的野生植物形成花带，设计效果图见图。（2）宅院内种植绿化植物时，选择的种植容器可继续沿用农村生活中常见的废弃物，并且选用建筑材料完善花池等。花池内除种植蔬菜外，还可套种一些万寿菊、紫茉莉、一串红等一、二年生的园林植物，避免在蔬菜收获后种植池和种植容器荒弃，影响宅院的绿化效果。绿化提升前后的效果见图 5.35、图 5.36。

图 5.35　下营村宅院绿化现状

（资料来源：作者自摄）

图 5.36　下营村宅院绿化提升效果

（资料来源：作者自绘）

（四）淤泥乡道路绿化现状及提升策略

1.道路景观绿化功能

（1）生态保护功能

道路绿化可以为行人提供遮阴环境，能够有效降低噪声，特别是山地路侧绿化还能够防止山体滑坡的风险，起到稳定路基的作用；同时带状的道路绿化也是许多生物天然的生态走廊，对维持一个地区的生态稳定有积极作用。

（2）交通辅助功能

道路上的中央隔离绿化带在美化道路环境的基础上还可以防眩光，减轻司机的视觉疲劳，并且可以起到标识路段信息和组织交通；

（3）景观组织功能

道路作为线性通道，道路绿化可以帮助城市或者乡村构建起独特的连续性走廊景观，对景观空间起到联系或者分隔空间的作用，是城市或者乡村景观的重要构成部分；

（4）文化隐喻功能

植物具有君子比德思想，能够体现出一座城市或者一座乡村的文化底蕴和特色形象，在道路绿化中运用这样的特色植物，有助于塑造对外形象。

连接羊场和柏果的羊柏公路是淤泥乡境内运输量最大的公路，在煤炭运输，保障乡民日常生活中起到了"大动脉"的重要作用。由于外运煤炭，羊柏公路上大吨位运输车逐年增多，来往的运输车在碾压公路产生的粉尘以及车身自带的煤灰对公路沿线造成了十分严重的污染，使得路面所积煤尘越来越多，公路沿线建筑外表面以及公路沿线植物均覆盖上了厚厚的煤灰，严重影响了其他地区访客对淤泥乡的整体印象。

通过对羊柏公路岩博村入口至湾田大桥段沿线绿化情况进行实地调研发现，调研路段的绿化主要划分为两种类型：一种是人流量较大，行人停驻时间较长，乡民活动复杂的淤泥乡街道绿化以及以运煤车和机动车为主的非街道路段绿化。

2.淤泥乡街道绿化现状及提升

羊柏公路在淤泥乡街道段为宽度15米左右，绿地类型为一板两带式。该段道路人行道侧景观绿化构成主要是长方形树池式设计。种植的方式是：大乔木+小乔木+灌木绿篱，具体应用植物种类见表5.5。

表5.5　羊柏公路淤泥乡街道段道路绿化主体植物

（资料来源：作者自绘）

植物	特性	高度（米）	观赏点	观赏期
广玉兰	常绿大乔木	7-10	观花、叶	5-6 月
桂花	常绿小乔木	3-4	观花	8-11 月
石楠	常绿灌木	0.9-1	观叶	4-5 月
杜鹃	常绿灌木	0.4-0.5	观花	4-5 月

淤泥乡街道作为该乡居民日常购物及集市的场所，人流量大，活动类型较多，停驻时间长。并且因大吨位运煤车未与普通机动车进行分流，而带来的大量煤灰和粉尘落在行道树以及绿化带植物上，不仅造成视觉观感较差，也严重影响植物的生长状态。有研究表明煤灰覆盖下植物的净光合速率、蒸腾速率都有不同程度的降低，而胞间 CO_2 浓度则增加。光合速率低，光合作用弱，会导致植物根系短小，植物矮小，开花率低，容易出现早衰现象。并且植株的抗逆性降低，容易感染病害，抵抗自然灾害能力低下。长期覆盖粉煤灰的叶片也非常容易诱发煤污病。此外，煤灰和粉尘通过雨水的淋溶作用进入土壤后，引起的土壤污染对植物生长也会有影响。

但现有的道路绿化形式简单，上层空间仅为单排种植的广玉兰，且冠幅较小，遮阴效果差。中层植物空间植物配置也较为简单，部分路段中层空间植物为丹桂，部分路段则为石楠，下层植物主要为矮杜鹃形成的低矮绿篱。整体来说本路段路侧绿化植物类型单一，绿化量太少，并且均为常绿植物，植物开花色彩比较素雅，缺乏亮点。且未搭配种植落叶植物，缺乏季相变化，绿化和美化效果差。

结合现有道路景观绿化，提出以下改造策略：

（1）增加植物层次。

现有道路景观绿化层次简单，景观效果不强，并且中下层植物分布稀疏，无法对街道上飞扬的粉煤灰和其他灰尘进行有效阻隔，对临街商铺环境和人员健康影响较大。

在原有中层植物为石楠的路段增种2米左右的马缨杜鹃，下层矮杜鹃绿篱边缘种植红花酢浆草。马缨杜鹃为杜鹃花科植物，花期在5月前后，花色多为大红色，花期的观赏价值比较高，并且彝族密岔文化中，认为马缨是高贵纯洁的，特别是白马缨是作为祖先的躯干而存在，其寄托了对逝者的追思，所以这同样也应属于原始植物图腾崇拜的一部分。在原有中层植物为丹桂的路段，在绿化带种增种1.1米左右高度的大叶黄杨球和0.5米左右的丝兰。大叶黄杨四季常青、枝叶茂密，可对一氧化碳、氮氧化物、硫化物、粉尘等吸附能力较强。丝兰是一种具有莲座状簇生，坚硬，近剑形或长条状披针形叶的植物，具有天然的防护作用，并且丝兰具有高大而粗壮的圆锥花序，秋季开花后可以有效装点街道环境。

（2）适当增加落叶植物，营造季相变化。

现有的街道景观绿化上层乔木均为广玉兰，作为一种常绿植物，无法体现街道的季相变化。因此，采用大树移栽的方式，间隔移走一株广玉兰，移栽一株高度相似的落叶乔木悬铃木。既可以保证人行道在夏季具有荫蔽环境，同时冬季悬铃木落叶后又可增加人行道和临街商铺的采光。

（3）增加垂直绿化。

现有街道在赶集日人流较大时会非常拥挤，因此街道绿化可以向垂直空间考虑。采用见缝插针的方法，在路灯、路牌、临街商铺入口、窗台等处采用容器种植植物。如路灯上可增加垂吊的花钵，种植矮牵牛、万寿菊等草花植物，既不占用道路空间，也可有效增加绿化，美化街道空间。街道景观绿化提升前后效果见图5.37、图5.38。

3.羊柏公路非街道段绿化现状及提升

羊柏公路以运煤车和机动车为主非街道路段绿化材料多样而复杂，绿化形式主要为行道树+住宅侧绿化、行道树+农作物、行道树+自然植物群落，且部分没有住宅的路段，道路绿化带与植物覆盖度较高的山林和荒地连接成片。总体来说，这种类型的道路绿化呈现出半人工半自然式的状态，绿化面积较大，绿化效果较好，美化效果稍差。本类型道路绿化植物以常绿植物为主，缺乏焦点植物，如秋色叶树、春色叶树、观花灌木等。经调查，羊柏公路非街道段道路绿化主体植物见表5.6。

图 5.37　淤泥乡街道绿化现状　　　图 5.38　淤泥乡街道绿化提升效果
（资料来源：作者自摄）　　　　　（资料来源：作者自绘）

表 5.6　羊柏公路非街道段道路绿化主体植物

（资料来源：作者自绘）

植物	特性	高度（米）	观赏点	花期
雪松	常绿乔木	7～13	观树形	
大叶女贞	常绿乔木	7～10	观叶	5—6月
胡桃树	常绿乔木	3～4	观果	8—11月
香樟	常绿乔木	0.9～1	观叶	4—5月
桂花	常绿乔木	0.4～0.5	观花	4—5月
东京樱花	落叶乔木	3～6	观花	3—4月
日本女贞	常绿灌木	0.5～1	观叶	6
芭蕉	常绿草本	3～4	观叶、树形	

除以上园林植物外，路侧的玉米、南瓜、佛手瓜等农作物和蔬菜，苜蓿、商路、一年蓬、鬼针草、艾草等野生植物都是组成该类型道路绿化的重要材料，绿化现状见图 5.39 和图 5.40。

对本类型的道路景观绿化的提升策略主要为：

（1）在原有乔灌木群落中点状增种以观花或者观叶为主的乔灌木，部分有点亮道路空间。可选用观花灌木：夹竹桃、毛杜鹃、马缨杜鹃、高山杜鹃、醉鱼草等；落叶乔木：银杏、柿树、苦楝、泡桐、盐肤木；观花乔木：梓树、刺槐、合欢。

（2）在有住宅且植物层次较为单薄的路段，需在道路与住宅之间增加植物层次，以达到降低噪声和防尘的作用。可选用乔木：构树、臭椿、刺槐、杉树、桑树。

（3）在通村道路与羊柏公路的交叉口位置，前侧种植草花植物，如万寿菊、孔雀草、百日草、石竹，后侧种植美人蕉、大丽菊、海桐球，形成前低后高的植物布置，既可以作为道路交叉口的提示，也可美化道路空间。

4.厂区道路绿化提升

煤矿内厂区内道路因重型运输车出行频率较高，扬尘污染较大，因此绿化较少。在这些路段采用的绿化提升策略为：选用滞尘效果较好的植物形成多层次的带状列绿化，且多选择常绿乔灌木进行配置。选取一个节点进行绿化提升，具体提升前后效果见图 5.41、图 5.42。

图 5.39　淤泥乡非街道段绿化现状　　图 5.40　淤泥乡非街道段绿化现状
　　（资料来源：作者自摄）　　　　　　　（资料来源：作者自摄）

图 5.41　厂区道段绿化现状　　　　图 5.42　厂区道路绿化提升效果
（资料来源：作者自摄）　　　　　　（资料来源：作者自绘）

四、结论

淤泥彝族乡的地理优势明显，使得植被覆盖率较高，景观绿化面积较大，但因煤矿开采带来的山体坍塌滑坡，洗煤厂和焦化厂等工业污染较大，村民美化环境意识不强，所以该地景观绿化质量并不高，具有提升改造的必要。

（1）各煤矿厂区内景观绿化材料基本相似，且均呈现出办公区和生活区绿化较为丰富，覆盖度较高，常绿植物占比较大，但开花植物、落叶植物、彩色叶植物较少，观赏性较差，植物配置层次性不强，空间变化不大，煤矿生产区域基本没有绿化，并且所有厂区的绿化区明显缺乏后期养护，在提升改造中要有针对性地进行。

办公区和综合区除了基础的美化外，还要打造亮点区域，如入口处，应有观花或香味植物进行空间暗示。同时利用植物层次创造较封闭的园林空间环境，在阻挡粉尘污染的同时形成树木葱茏、花团锦簇、清洁优美的环境。生活区因距离生产区较远，栽植条件较优越，除了基础的美化外，还可利用观花、观果以及春色叶、秋色叶植物创造丰富多彩、轻松愉悦的环境，同时可在该区域设置公园、游乐园、街道绿地和游憩绿地，完善生活区功能。生产区是粉煤灰污染的主要来源，且硬化地面较多，植物绿化可采用见缝插针的手法进行，充分利用角隅、垂直墙体、屋顶等进行绿化设计，且选择生长强健、滞尘能力强的植物。并且在场地条件允许的情况下，还应合理设置带状防护绿地，以起到良好的隔离滞尘的作用。

（2）淤泥乡主体道路为羊柏公路，在街道段的部分，现有的道路绿化形式简单，绿化植物类型单一，绿化量太少，缺乏亮点，且未搭配种植落叶植物，缺乏季相变化，绿化和美化效果差。采用在中下层植物空间种植马缨杜鹃、丝兰、红花酢浆草以增加植物层次，同时使广玉兰与悬铃木间隔种植，常绿与落叶乔木搭配，营造季相变化。利用垂吊的花钵增加垂直绿化。

非街道路段，道路绿化呈现出半人工半自然式的状态，园林植物与路侧农作物、野生植物等共同形成绿化带。绿化面积较大，绿化效果较好，美化效果稍差。绿化植物以常绿植物为主，缺乏焦点植物。提升策略为在原有乔灌木群落中点状增种以观花或者观叶为主的乔灌木，部分有点亮道路空间；在有住宅且植物层次较为单薄的路段，需在道路与住宅之间增加植物层次；在通村道路与羊柏公路的交叉口位置，前侧种植草花植物，后侧种植美人蕉、大丽菊、海桐球，形成前低后高的植物布置，可以作为道路交叉口的提示。

（3）淤泥乡宅院绿化情况与住宅所处环境有关。岩博村因地处藏龙山半山腰，远离道路及厂区，污染程度较小，周边林地环境较好，宅院景观绿化效果较好，提升空间不大。下营村村民住宅因地处道路和煤矿厂区周边，受到的粉尘污染较大，环境较为恶劣，景观绿化组成主要依靠路侧公共绿地或宅院旁种植的作物。提升策略为：在尊重村民将蔬菜作物作为庭院绿化材料的基础上，增加园林观赏植物，在靠近道路一侧列植一排抗粉尘污染、冠幅较大的常绿乔木用以阻挡灰尘。下层靠近院墙的位置种植抗性较好的草本花卉或花灌木点缀空间，下层地被植物可选用地被植物覆盖地面空间。种植容器继续沿用农村生活中常见的废弃物，并且选用建筑材料完善花池等。花池内除种植蔬菜外，还可套种一、二年生植物，避免在蔬菜收获后种植池和种植容器荒弃，影响宅院的绿化效果。

　　本课题针对淤泥乡不同场地景观绿化情况，提出了对应的提升策略，可以为后期该乡进行乡村环境绿化美化时提供一些参考。

第六章　结论及后记

第一节　结论

中国工程院院士陈俊愉曾经说过："风景园林学科涉及的知识面广，而学科的最大特色应该体现在园林植物方面。"园林植物作为景观设计中灵活的元素，它既能构成多样化的园林观赏空间，又创造出不同的景观效果，为城市景观增色添辉。选择合理的植物是营构园林植物景观成功与否的关键，同时也是创造不同意境的主要元素。因此，植物景观类课程在风景园林人才培养体系和凸显学科特色方面的地位和作用显而易见。

地方院校风景园林专业以培养应用型人才为主要目标，因此本人在所承担的两门植物景观类课程，即《园林植物学》和《园林植物应用》的教学过程中注重吸取新的教学理念、教学方法、教学模式，并根据教学对象的学情分析结果进行有意识地进行教学改革，并对改革的经验、方法、成果等进行了总结和分析，基本将"以教师、教材、教室为中心"的教学理念转变为了"以学生为中心、以产出为导向、持续改进"的新的教学理念。《园林植物学》主要从教学内容、课程考核方式、课程思政三个方面进行了教学改革探索，在教学内容上，首先结合学校办学方向和专业人才培养目标对课程教学目标进行了更新，基本形成知识、能力和思政三大培养目标，并且在课程目标的指导下，课程内容上基本形成了绪论、总论、各论三大模块和九大章节，形成知识和内容的层层递进，更加符合教学规律；课程考核方式上，加大了过程性考核的比重，降低了期末闭卷考核的比重，基本扭转了"一张试卷定终身"的局面，并且过程性考核项目和期末闭卷考核题目的设置均对应了三大课程教学目标，为课程目标达成度评价奠定基础；课程思政改革方面，则结合当前的政策背景和行业发展趋势，依托课程内容深挖课程思政元素，将爱国情怀、理想信念、文化自信、民族自信、科学精神、奉献精神、自然辩证思想、终身学习、团队协作等有机融入课程思政案例，以培养具有"理想美""心灵美""行动美"三个审美向度的风景园林专业人才。《园林植物应用》课程则重点进行应用和实践教学改革，首先对课程目标进行更新，紧扣学校定位、专业人才培养目标和行业需求，以西南地区特色植物和植物景观设计为主，凸显地域特色；其次课程内容上设置为三大模块：基础理论、方法与程序、设计项目与实践，形成知识和能力的进阶性培养；教学模式上结合信息化技术，采用线上+线下混合+虚拟仿真+真实实践项目+校内教师与企业导师联合授课的多元化方式；考核方式上采用过程性考核与终结性考核结合、个人考核项目与团体考核项目结合、校内教师与企业导师共同评价的课程考核方式，最终达到培养具有丰富理论知识、扎实实务应用能力以及较高政治素养的应用型、实践型人才。同时在植物景观类课程教学中，笔者注重思考和探索全过程链、全方位教学模式和全员参与的人才培养模式。并且注重通过引导学生参加植物景观设计竞赛、申报相关科研项目等方式，在实践中检验和提升教学成果，并产生了一定的实践成果。

虽然目前笔者针对风景园林专业的植物景观类课程进行了一些教学改革研究，在提升课程教学效果、专业人才培养成效、为同行提供教学改革参考等方面取得了一定的成效，但是结合植物景观类课程教学改革趋势以及目前严峻和复杂的行业环境，教学改革的步伐不能停滞，课程教学必须不断吸收新的教学理念、教学方法、信息技术、国家政策、行业发展等，如课程教学中应引入古树名木与传统花卉保护、园林植物生态评价、园艺康养疗愈环境营造组织、植物与生物多样性保育、矿山废弃地改造、湿地恢复与再生等前沿和热点研究内容，并且尝试探索植物景观课程教学中数字化、智慧化与信息化等新技术的应用，才能培养出具有较强竞争力的、能够服务于地方发展的、符合地方高校办学方向的高质量风景园林专业人才。

第二节　后记

全书共 22 万字，由本人独立完成。本书作为一本教学研究著作，是以本人多年在植物景观方面的教学改革研究工作和成果作为基础的。本人能够在六盘水师范学院风景园林专业从教多年，并且顺利开展各类教学研究和科学研究工作，离不开家人、领导、朋友、同事以及学生的诸多关心、爱护、帮助、鼓励和支持。在这里要特别感谢我的母亲程建华、父亲余永华、丈夫李华龙、女儿李橙晞在生活中对我无微不至的照顾和精神上义无反顾的支持，也要感谢陶勇、段磊、肖波、刘海涛、吕选周等各位领导在工作中对我的鼓励、指导和帮助，还要感谢肖婵、付林江、朱雄斌、张明贤、贾岩、李双全、王颖、杨燚、杨尊尊、范贤坤、张腾元、卢塱、任广贵、李海荣等友人和同事在生活和工作中给予我的诸多帮助和关心，还要感谢 2013-2023 级风景园林专业所有学生在教学活动中的大力配合。一路走来，正是有这些可亲的、可爱的、可敬的亲人、朋友、同事、学生的支持和帮助才促成了本书的完成，再次表达诚挚的感谢。由于本人写作水平、理论水平和实践经验有限，书中难免存在不足甚至谬误之处，恳请各位读者朋友批评指正。

参考文献

[1]孙永玉，李昆.西南地区野生植物资源保护和利用状况[C]//全国林业学术大会.中国林学会，2005.

[2]董丽.园林植物学[M].北京：中国建筑工业出版社，2022：20-50.

[3]苏雪痕.植物景观规划设计[M].北京：中国林业出版社，2012：11-14.

[4]戚旺琴.山地植物景观提升规划设计研究[D].浙江农林大学，2021.

[5]周宜君，石莎，冯金朝.我国西南地区自然环境与药用植物多样性[J].中央民族大学学报（自然科学版），2005（01）：44-48.

[6]彭华.中国西南地区植物资源与农业生物多样性[J].云南植物研究，2001（S1）：28-36.

[7].书名：《普通高等学校本科专业类教学质量国家标准》[J].出版参考，2018（08）：74.

[8]王志玲，杨晓盆，田旭平，等.基于建构主义理念的园林植物类课程教学改革探索[J].大学教育，2019（02）：32-35.

[9]乔永旭，张永平，李素华，等.基于应用型人才培养的校企合作课程园林花卉学教学改革研究[J].安徽农学通报，2022，28（07）：158-159.

[10]朱红霞.基于 CDIO 理念的园林植物景观设计教学改革与实践[J].教育教学论坛，2015（41）：112-113.

[11]朱蕊蕊，陈菲，姚文飞，等.新工科背景下建筑类院校风景园林专业植物课程教学体系构建与实践创新[J].城市建筑，2020，17（04）：84-89.

[12]张海燕，金晓芳，赵姣，等.现场教学法在《园林树木学》中的应用及

效果评价[J].教育现代化，2018，5（35）：229-230.

[13]尹豪，袁涛.园林植物类课程体系的优化——以北京林业大学为例[J].中国林业教育，2016，34（06）：70-73.

[145]王云才，刘滨谊.论中国乡村景观及乡村景观规划[J].中国园林，2003：55-58.

[15]赵兵，韦薇.国内外乡村绿化研究与建设经验[J].园林，2012（12）：12-18.

[16]范宁，苏南.新农村乡村聚落绿化模式研究——以苏锡常地区为例[D].南京：南京林业大学，2009.

[17]石玲玲.浙江省现代乡村植物景观营造研究[D].杭州：浙江农林大学，2010.

[18]赵宏振，任潇.美丽乡村景观规划设计原则[J].北京农业，2015（28）：75-76.

[19]何子晗.灌木植物在矿区绿化中的应用与管理[J].林业勘查设计，2021，50（03）：52-54.

[20]张彬，陈新雅，施卫省.湖南冷水江市锑矿区植物调查与植物规划研究[J].园林，2021，38（06）：88-95.

附录1

六盘水师范学院《园林植物学》课程学生学习体验

调查问卷（2021 级）

1.总体来说，我认为该课程很有用，我在课程中学到的东西对我今后的学习、工作和生活会有很大帮助。　　[单选题]

选项	小计	比例
A.完全符合	20	60.61%
B.符合	10	30.3%
C.基本符合	3	9.09%
D.基本不符合	0	0%
E.完全不符合	0	0%
本题有效填写人次	33	

2.总体来说，我认为该课程的教学很好地激发了我的学习兴趣并调动了我的学习积极性，我在该课程学习中付出了最大努力。　　[单选题]

选项	小计	比例
A.完全符合	13	39.39%
B.符合	14	42.42%

C.基本符合	5		15.15%
D.基本不符合	1		3.03%
E.完全不符合	0		0%
本题有效填写人次	33		

3.总体来说，我认为，该课程的教学组织得较好，授课教师教导有方。　　[单选题]

选项	小计	比例	
A.完全符合	23		69.7%
B.符合	9		27.27%
C.基本符合	1		3.03%
D.基本不符合	0		0%
E.完全不符合	0		0%
本题有效填写人次	33		

4.总体来说，我认为，课程为我们的学习设立了基本标准，我只要努力学习就能达到要求。　　[单选题]

选项	小计	比例	
A.完全符合	15		45.45%
B.符合	13		39.39%
C.基本符合	5		15.15%
D.基本不符合	0		0%

选项	小计	比例
E.完全不符合	0	0%
本题有效填写人次	33	

5.通过该课程学习，我理解并掌握了课程重要基础知识，同时形成了较完整的课程框架与知识体系。　　[单选题]

选项	小计	比例
A.完全符合	13	39.39%
B.符合	18	54.55%
C.基本符合	2	6.06%
D.基本不符合	0	0%
E.完全不符合	0	0%
本题有效填写人次	33	

6.通过该课程，我基本上学会了如何将知识应用于实践。　　[单选题]

选项	小计	比例
A.完全符合	13	39.39%
B.符合	14	42.42%
C.基本符合	6	18.18%
D.基本不符合	0	0%
E.完全不符合	0	0%
本题有效填写人次	33	

7.我认为授课教师学科知识面广，上课充满激情，讲解清晰有条理，富有启发性。　[单选题]

选项	小计	比例	
A.完全符合	20		60.61%
B.符合	11		33.33%
C.基本符合	2		6.06%
D.基本不符合	0		0%
E.完全不符合	0		0%
本题有效填写人次	33		

8.老师为我提供的学习资源以及引导我们自主寻找的学习资源（包括教材、讲义、参考书目、网上测试资源等），对我的学习帮助很大。　[单选题]

选项	小计	比例	
A.完全符合	20		60.61%
B.符合	10		30.3%
C.基本符合	3		9.09%
D.基本不符合	0		0%
E.完全不符合	0		0%
本题有效填写人次	33		

9.我认为该课程的成绩评定方法中所包含的考核项目，如考试、自主学习、小组报告等，可以很好地引导我学习，特别是督促我在整个学期中都不放松学习。　[单选题]

选项	小计	比例	
A.完全符合	18		54.55%
B.符合	13		39.39%
C.基本符合	2		6.06%
D.基本不符合	0		0%
E.完全不符合	0		0%
本题有效填写人次	33		

10.作业和考试后，老师针对我的学习情况给予了及时且有价值的反馈，这些反馈可以很好地帮助我了解如何改进学习。　　[单选题]

选项	小计	比例	
A.完全符合	18		54.55%
B.符合	12		36.36%
C.基本符合	3		9.09%
D.基本不符合	0		0%
E.完全不符合	0		0%
本题有效填写人次	33		

11. 通过学习该门课程，我的专业技术能力得到了提升。　　[单选题]

选项	小计	比例	
A.完全符合	17		51.52%
B.符合	15		45.45%

选项	小计	比例
C.基本符合	1	3.03%
D.基本不符合	0	0%
E.完全不符合	0	0%
本题有效填写人次	33	

12. 随着课程教学的进行,我能够理解课程各主题(章节)之间的关系。　[单选题]

选项	小计	比例
A.完全符合	15	45.45%
B.符合	17	51.52%
C.基本符合	1	3.03%
D.基本不符合	0	0%
E.完全不符合	0	0%
本题有效填写人次	33	

13. 这门课程重视学生的合作学习。　[单选题]

选项	小计	比例
A.完全符合	16	48.48%
B.符合	14	42.42%
C.基本符合	2	6.06%
D.基本不符合	1	3.03%
E.完全不符合	0	0%

本题有效填写人次	33	

14.我经常参与课堂讨论。　　[单选题]

选项	小计	比例
A.完全符合	10	▬▬▬ 30.3%
B.符合	13	▬▬▬ 39.39%
C.基本符合	9	▬▬ 27.27%
D.基本不符合	1	▌ 3.03%
E.完全不符合	0	0%
本题有效填写人次	33	

15.你认为该课程哪个方面（课程知识或教师教学设计或教师教学责任心）你最满意?　　[填空题]

16.你认为该课程哪个方面最需要改进?　　[填空题]

高校植物景观类课程教学改革研究及实践

附录 2

2022—2023 学年第 2 学期期末《园林植物学》考试试卷

（A 卷）

一、填空题：（每空 1 分，计 15 分）

【题型】填空题

1.世界四大切花指的是（　　　）、（　　　）、（　　　）、康乃馨。

　　【答案】月季　菊花　唐菖蒲

　　【分值】3

　　【章节】第一章 绪论

　　【知识点】园林植物的作用

　　【难度】简单

　　【考察类型】识记

　　【课程目标】1

2.园林植物的根系包括（　　　）和（　　　　）。

　　【答案】直根系　须根系

　　【分值】2

　　【章节】第二章 园林植物的形态及观赏特性

【知识点】园林植物的根

【难度】简单

【考察类型】理解

【课程目标】1

3.蝶形花冠主要由（　　　　）、（　　　　）、（　　　　）构成。鸢尾的花被片为6，外3片大，外弯或下垂，称为"（　　　　）"；内3片较小，直立或呈拱形，称为"（　　　　）"。

【答案】旗瓣　　翼瓣　　龙骨瓣　　垂瓣　　旗瓣

【分值】5

【章节】第二章　园林植物的形态及观赏特性

【知识点】园林植物的花

【难度】中等

【考察类型】理解

【课程目标】1

4. 叶片中的维管束叫作叶脉，叶脉在叶片上的分布形式一般分为两大类：（　　　　）和（　　　　）。

【答案】网状脉序　　平行脉序

【分值】2

【章节】第二章　园林植物的形态及观赏特性

【知识点】园林植物的叶

【难度】简单

【考察类型】识记

【课程目标】1

5.芍药品种较多，通常按花瓣的数目、花型、雌雄蕊瓣化情况，大致可将其品种分为四类：（　　　　）、（　　　　）、（　　　　）、台阁类。

【答案】单瓣类　　千层类　　楼子类

【分值】3

【章节】第八章　园林花卉——宿根花卉

【知识点】露地宿根花卉——芍药

【难度】中等

【考察类型】理解

【课程目标】1

二、单项选择题：（每小题 2 分，计 30 分）

【题型】单选题

1. "艰苦奋斗、自强不息、扎根边疆、甘于奉献"是一种（　　）精神，是中国共产党红色文化的传承与发展。

A.柽柳　　　　　　B.梭梭　　　　　　C.胡杨　　　　　　D.沙棘

【答案】C

【分值】2

【章节】第二章　园林植物的形态及观赏特性

【知识点】园林植物的根

【难度】简单

【考察类型】简单应用

【课程目标】2

2. 以下植物不是菊科植物的是（　　　）。

A.百日草　　　　　　B.万寿菊　　　　　　C.蒲公英　　　　　　D.鸢尾

【答案】D

【分值】2

【章节】第七章　园林花卉——一、二年生花卉

【知识点】露地一二年生花卉

【难度】简单

【考察类型】理解

【课程目标】1

3. "人间四月芳菲尽，山寺桃花始盛开。长恨春归无觅处，不知转入此中来。"

这首唐诗主要反映出（　　　）对园林植物的影响。

  A.光照   B.土壤   C.温度   D.水分

【答案】C

【分值】2

【章节】第三章 园林植物与环境

【知识点】温度对植物的影响

【难度】中等

【考察类型】简单应用

【课程目标】1

4. 作为园林绿化骨架材料的是（　　　）。

  A.乔木   B.灌木   C.一年生花卉   D.球根花卉

【答案】A

【分值】2

【章节】第一章 绪论

【知识点】园林植物的作用

【难度】中等

【考察类型】理解

【课程目标】1

5. 以下植物中适合作防风林带的植物是（　　　）。

  A.紫薇   B.紫荆   C.贴梗海棠   D.柳杉

【答案】D

【分值】2

【章节】第五章 园林树木——乔木类

【知识点】常绿乔木

【难度】中等

【考察类型】简单应用

【课程目标】2

6.以下植物不适合进行六盘水厂区绿化的植物是（　　　）。

A.月季　　　　　　　B.桃　　　　　　　C.夹竹桃　　　　　　　D.国槐

【答案】B

【分值】2

【章节】第三章　园林植物与环境

【知识点】空气对植物的影响

【难度】中等

【考察类型】简单应用

【课程目标】2

7.以下不是球根花卉的是（　　　）。

A.马蹄莲　　　　　　B.美人蕉　　　　　　C.唐菖蒲　　　　　　　D.金盏菊

【答案】D

【分值】2

【章节】第九章　园林花卉——球根花卉

【知识点】露地球根花卉

【难度】中等

【考察类型】识记

【课程目标】1

8.白皮松的松针为（　　　）针一束。

A.2　　　　　　　　B.3　　　　　　　C.4　　　　　　　D.5

【答案】B

【分值】2

【章节】第五章　园林树木——乔木类

【知识点】常绿乔木

【难度】简单

【考察类型】识记

【课程目标】1

9.下列不适合作为地被植物使用的是（　　　　）。

A.郁金香　　　　　　B.珍珠梅　　　　　　C.红花酢浆草　　　　　D.玉簪

【答案】B

【分值】2

【章节】第六章　园林树木——灌木类

【知识点】落叶灌木

【难度】中等

【考察类型】简单应用

【课程目标】2

10.拙政园中的著名建筑"远香堂"一侧种植（　　　　）才能达到点景的目的。

A.柳树　　　　　B.桃　　　　　C.海棠　　　　　　D.荷花

【答案】D

【分值】2

【章节】第一章　绪论

【知识点】园林植物的作用

【难度】简单

【考察类型】简单应用

【课程目标】3

11.以下植物不具有四棱茎的植物是（　　　　）。

A.野迎春　　　　　B.彩叶草　　　　　C.金叶女贞　　　　　D.一串红

【答案】C

【分值】2

【章节】第七章　园林花卉——一、二年生花卉

【知识点】露地一二年生花卉

【难度】中等

【考察类型】简单应用

【课程目标】1

12.以下植物中叶全为鳞形叶的是（　　）。

　A.圆柏　　　　　　　B.刺柏　　　　　　　C.侧柏　　　　　　D.龙柏

【答案】C

【分值】2

【章节】第五章　园林树木——乔木类

【知识点】常绿乔木

【难度】中等

【考察类型】识记

【课程目标】1

13.李的拉丁学名正确的写法是（　　　）。

　A.*Prunus* Salicina Lindl.　　　B.*Prunus Salicina* Lindl.

　C.Prunus salicina Lindl.　　　D.*Prunus salicina* Lindl.

【答案】D

【分值】2

【章节】第四章　园林植物的分类

【知识点】自然分类法

【难度】中等

【考察类型】简单应用

【课程目标】1

14.却是（　　）知立夏，年年此日一花开。——《初夏即事十二解》宋·杨万里

　A.石榴　　　　　　　B.迎春　　　　　　　C.栾树　　　　　　D.腊梅

【答案】A

【分值】2

【章节】第五章　园林树木——乔木类

【知识点】落叶乔木

【考察类型】简单应用

【课程目标】3

15.《诗经》中"蒹葭苍苍，白露为霜。所谓伊人，在水一方"中描述的"蒹葭"是一种（　　）植物。

   A.漂浮植物　　　　　B. 浮水植物　　　　　C. 沉水植物　　　　　D.挺水植物

【答案】D

【分值】2

【章节】第三章 园林植物与环境

【知识点】水分对植物的影响

【难度】中等

【考察类型】理解

【课程目标】3

三、图画题（共15分，共3个小题）

【题型】图画题

1.请在所给地形示意图上，添加合适的植物以表达植物强化地形和削弱地形的情形。

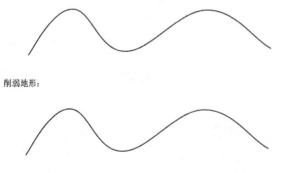

强化地形：

削弱地形：

【答案】

植物减弱和消除由地形所构成的空间

评分标准：画出加强地形的示意图得 3 分，削弱地形得 3 分。

【分值】6

【章节】第三章 园林植物与环境

【知识点】水分对植物的影响

【难度】中等

【考察类型】简单应用

【课程目标】2

2.请画出掌状单叶、掌状三出复叶、奇数羽状复叶、偶数羽状复叶。

【答案】

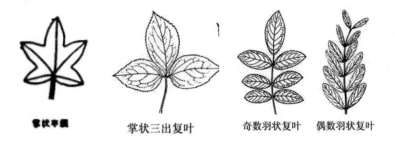

掌状单叶　　　掌状三出复叶　　　奇数羽状复叶　　偶数羽状复叶

评分标准：每画出一种得 1 分。

【分值】4

【章节】第二章 园林植物的形态及观赏特性

【知识点】园林植物的叶

【难度】中等

【考察类型】识记

【课程目标】1

3.请画出菊科植物的头状花序示意图，并进行花冠的标注，并列举三种具有头状花序的植物学名。

【答案】

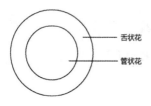

向日葵、蒲公英、非洲菊、波斯菊

评分标准：画出头状花序示意图得 1 分，标注出舌状花得 0.5 分，标出管状花得 0.5 分。每列举一种植物得 1 分。

【分值】5

【章节】第二章 园林植物的形态及观赏特性

【知识点】园林植物的花

【难度】中等

【考察类型】简单应用

【课程目标】1

四、简答题（共 30 分，共 6 个小题）

【题型】简答题

1.植物具有的生态作用主要表现在哪些方面。

【答案】

（1）调节空气温度和湿度（1 分）

（2）防风固沙（0.5 分）

（3）防止水土流失（0.5 分）

（4）维持空气中 CO_2 和 O_2 的平衡（1 分）

（5）吸收有毒气体（0.5 分）

（6）吸滞尘埃（0.5 分）

（7）杀菌抑菌（0.5 分）

（8）降低噪声（0.5 分）

【分值】5

【章节】第一章 绪论

【知识点】园林植物的作用

【难度】简单

【考察类型】理解

【课程目标】1

2.什么是花镜和花坛？

【答案】

花镜：花境是园林绿地中一种特殊的种植形式，是以树丛、树群、绿篱、矮墙或建筑物作背景的带状自然式花卉布置（0.5 分），是模拟自然界中林地边缘地带多种野生花卉交错生长的状态（0.5 分），运用艺术手法提炼、设计成的一种花卉应用形式（0.5 分）。

花坛：是在一定范围的畦地上按照整形式或半整形式的图案栽植观赏植物以表现花卉群体美的园林设施（1 分）。在具有几何形轮廓的植床内（0.5 分），种植各种不同色彩的花卉（0.5 分），运用花卉的群体效果来表现图案纹样或观盛花时绚丽景观的花卉运用形式（1 分），以突出色彩或华丽的纹样来表示装饰效果（0.5 分）。

【分值】5

【章节】第四章 园林植物的分类

【知识点】人为分类法

【难度】中等

【考察类型】识记

【课程目标】1

3.简述孤植树的特征、应用位置，并列举 3 种常用的孤植树。

【答案】

特征：孤植树多为主景树（0.5 分），一般株形高大（0.5 分），树冠开展，树姿优美（0.5分），叶色丰富，开花繁茂（0.5分），香味浓郁。

位置：孤植树的构图位置应突出（0.5分），常配置于大草坪、林中空旷地（0.5分）。在古典园林中，假山旁、池边、道路转弯处也常配置孤植树（0.5分），力求与周围环境相调和。

常用的孤植树：雪松、银杏、悬铃木、鹅掌楸、七叶树、木棉、樟树、枫香、玉兰（1.5分，每列举一种得0.5分）。

【分值】5

【章节】第四章　园林植物的分类

【知识点】人为分类法

【难度】中等

【考察类型】简单应用

【课程目标】1

4.如何按形态指标判定植物对光照强度的需求？

【答案】

①树冠呈伞形者多为阳性树（0.8分），树冠呈圆锥形而枝条紧密者多为阴性树（0.8分）。

②树干下部侧枝早枯落的多为阳性树（0.9分），下枝不易枯落而且繁茂的多为阴性树（0.9分）。

③落叶树种多为阳性树（0.8分），而阔叶树中的常绿树多为阴性树（0.8分）。

【分值】5

【章节】第三章　园林植物与环境

【知识点】光照对植物的影响

【难度】中等

【考察类型】简单应用

【课程目标】2

5.简述鸡爪槭和红枫的区别？

【答案】

枝干

鸡爪槭：枝干的外皮比较<u>细腻</u>而且非常有柔韧性，<u>呈绿色</u>（0.5 分）。

红枫：红枫枝干的外皮比较<u>粗糙</u>，而且较硬实，<u>呈红褐色</u>（0.5 分）。

叶片形态

鸡爪槭：叶虽然也是由 5 片至 9 片组成，但是最常见的还是 7 片，它的每<u>处间开裂的深度比较小</u>（0.5 分），最大开裂处也就叶子的 <u>1/3 处</u>（0.5 分）。

红枫：叶子由 5 片至 9 片组成，而且每片间<u>开裂得比较深</u>（0.5 分），有的甚至可以达到全裂。

叶片颜色

鸡爪槭：叶子<u>春季绿色</u>（0.5 分），夏季与春季一样，到了<u>秋季才会变成红</u><u>色</u>（0.5 分），<u>冬季会凋落</u>。

红枫：叶子从春季开始就是<u>红色的</u>，一直会红到秋季，冬季就会凋落（0.5 分）。

花期果期

鸡爪槭：<u>花期则是 5 月，果期是 9 月</u>（0.5 分）。

红枫：<u>花期是 4 月至 5 月，果期是 10 月</u>（0.5 分）。

【分值】5

【章节】第六章 园林树木——灌木类

【知识点】落叶灌木

【难度】困难

【考察类型】简单应用

【课程目标】1

6.简述刺槐的科属、主要形态特征、主要生态习性和园林用途。

【答案】

科属：<u>豆科刺槐属</u>（0.5 分）

形态特征：<u>落叶乔木</u>（0.5 分），树冠椭圆倒卵形。树皮灰褐色，<u>纵裂</u>。小枝褐色，枝条具托叶刺（0.5分）。奇数羽状复叶，小叶椭圆形至长圆形（0.5分）。腋生总状花序，花冠蝶形，白色，芳香（0.5分）。花期5月。荚果，果期10-11月（0.5分）。

生态习性：原产于北美。强阳性树种（0.5分），不耐荫，喜干燥凉爽的气候，怕积水，浅根系（0.5分）。

园林应用：刺槐树冠高大，叶色鲜绿。开花季节绿白相称，素雅宜人，故可做行道树以及庭荫树（0.5分）。抗性强、生长迅速，可用于厂矿区及荒山荒地绿化的先锋树种（0.5分）。

【分值】5

【章节】第五章 园林树木——乔木类

【知识点】落叶乔木

【难度】中等

【考察类型】识记

【课程目标】1

五、综合题（共1题，共10分）

【题型】综合题

1.请在下面微地形条件下（六盘水地域），利用植物对水分的不同需求为1-5的位置配置上合适的植物，并写出其科属。

【答案】

①中生植物——垂柳、紫叶李、桃等

②湿生植物——黄菖蒲、千屈菜、美人蕉、萍蓬草、梭鱼草、红蓼、狼尾草、蒲草、灯心草、水松等

③水生植物——荷花、荇菜、睡莲等

④中生植物——水杉、白玉兰、杜鹃、桂花等

⑤湿生植物——黄菖蒲、千屈菜、美人蕉、萍蓬草、梭鱼草、红蓼、狼尾草、蒲草、灯心草、水松等

答对 1–5 植物类型，分别得 1 分，每列举正确一种植物得 0.5 分，写出对应科属得 0.5 分。

【分值】10

【章节】第三章 园林植物与环境

【知识点】水分对植物的影响

【难度】困难

【考察类型】综合应用

【课程目标】2

附录 3

2022—2023 学年第 2 学期期末《园林植物学》试卷

分析报告

第一部分：基本成绩信息

专业/班级	满分	平均分	最高分	最低分	标准差	优秀人数	优秀率	及格人数	及格率	不及格人数	不及格率
风景园林 2021 级	100	47.50	47.5	47.5	0	0	0.00	0	0.00	1	100
风景园林 2022 级	100	66.01	85	25	11.5	0	0.00	33	76.74	10	23.26
风景园林	100	65.59	85	25	11.7	0	0.00	33	75.00	11	25

第二部分：成绩分布分析

专业/班级	人数	90 以上	80-89	70-80	60-70	50-60	40-50	30-40	20-30	10-20	0-10
风景园林 2021 级	1	0	0	0	0	0	1	0	0	0	0
		0.00%	0.00%	0.00%	0.00%	0.00%	100.00%	0.00%	0.00%	0.00%	0.00%
风景园林 2022 级	43	0	3	16	14	7	2	0	1	0	0
		0.00%	6.98%	37.21%	32.56%	16.28%	4.65%	0.00%	2.33%	0.00%	0.00%
风景园林	44	0	3	16	14	7	3	0	1	0	0
		0.00%	6.82%	36.36%	31.82%	15.91%	6.82%	0.00%	2.27%	0.00%	0.00%

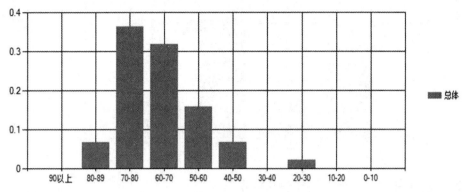

学生成绩分布图（人数百分比）

第三部分：四度分析

专业/班级	难度	区分度	信度	效度
风景园林 2021 级	0.48	0	0	0
风景园林 2022 级	0.66	0.26	0.82	0.24
风景园林	0.66	0.27	0.83	0.26

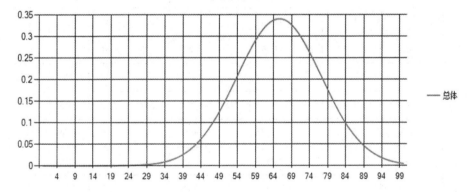

学生成绩正态分布图

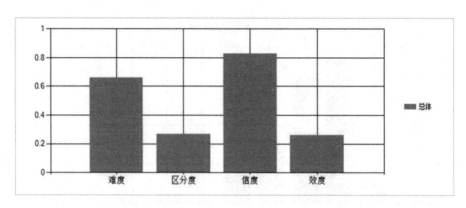

第四部分：各题目得分分析

序号	知识点分类	题量	百分比	分值	平均分	标准差	难度	区分度	变异系数
1	常绿乔木	3	0.1	6	4.86	1.37	0.81	0.17	0.28
2	光照对植物的影响	1	0.0333	5	1.91	1.49	0.38	0.36	0.78
3	空气对植物的影响	1	0.0333	2	0.5	0.87	0.25	0.25	1.73
4	露地球根花卉	1	0.0333	2	1.05	1	0.52	0.5	0.96
5	露地宿根花卉——芍药	1	0.0333	3	1.84	1.06	0.61	0.53	0.58
6	露地一二年生花卉	2	0.0667	4	3.45	1.08	0.86	0.42	0.31
7	落叶灌木	2	0.0667	7	3.76	2.06	0.54	0.58	0.55
8	落叶乔木	2	0.0667	7	5.65	1.06	0.81	0.22	0.19
9	人为分类法	2	0.0667	10	4.22	1.34	0.42	0.2	0.32
10	水分对植物的影响	3	0.1	18	11.2	2.82	0.62	0.22	0.25
11	温度对植物的影响	1	0.0333	2	1.77	0.63	0.89	−0.08	0.36
12	园林植物的根	2	0.0667	4	3.86	0.46	0.97	0.08	0.12
13	园林植物的花	2	0.0667	10	8.69	1.9	0.87	0.32	0.22
14	园林植物的叶	2	0.0667	6	5.27	0.96	0.88	0.21	0.18
15	园林植物的作用	4	0.1333	12	7.5	2.02	0.63	0.31	0.27
16	自然分类法	1	0.0333	2	0.05	0.3	0.02	−0.08	6.56
17	合计	30	1	100	65.59	11.7	0.66	0.27	0.18

知识点分析报告:

1.在全部 30 道题目的知识点考点中,以下 7 个知识点掌握不佳:

序号	题目	知识点	题型	分值	区分度	得分比	变异系数
1	选择题13	自然分类法	单选题	2	-0.08	0.02	6.56
2	简答题25	人为分类法	简答题	5	0.18	0.2	0.83
3	选择题6	空气对植物的影响	单选题	2	0.25	0.25	1.73
4	选择题10	园林植物的作用	单选题	2	0.25	0.32	1.46
5	简答题27	光照对植物的影响	简答题	5	0.36	0.38	0.78
6	简答题24	园林植物的作用	简答题	5	0.43	0.47	0.63
7	选择题9	落叶灌木	单选题	2	0.67	0.48	1.05

说明:得分比=平均分/分值,反映试题答对的程度;正常情况下,得分比应为 0.5-0.8,如低于 0.5,说明学生对知识点掌握不佳。

2. 在全部 30 道题目的知识点考点中,以下 3 道题目过于简单:

序号	题目	知识点	题型	分值	区分度	得分比	变异系数
1	选择题1	园林植物的根	单选题	2	0	0.98	0.15
2	选择题14	落叶乔木	单选题	2	0	0.98	0.15
3	填空题1至5 [填空题2]	园林植物的根	填空题	2	0.17	0.95	0.19

说明:变异系数=标准差/均值,变异系数常态在 0.2-0.5 之间,如低于 0.2,提示题目过于简单,大部分均掌握。

3.在全部 30 道题目的知识点考点中,以下 14 道题目成绩波动大:

序号	题目	知识点	题型	分值	区分度	得分比	变异系数
1	选择题5	常绿乔木	单选题	2	-0.08	0.8	0.51
2	选择题11	露地一二年生花卉	单选题	2	0.67	0.8	0.51
3	简答题28	落叶灌木	简答题	5	0.54	0.56	0.53

序号	题目	知识点	题型	分值	区分度	得分比	变异系数
4	选择题15	水分对植物的影响	单选题	2	0.17	0.77	0.54
5	选择题12	常绿乔木	单选题	2	0.33	0.75	0.58
6	填空题1至5 [填空题5]	露地宿根花卉——芍药	填空题	3	0.53	0.61	0.58
7	简答题24	园林植物的作用	简答题	5	0.43	0.47	0.63
8	简答题27	光照对植物的影响	简答题	5	0.36	0.38	0.78
9	简答题25	人为分类法	简答题	5	0.18	0.2	0.83
10	选择题7	露地球根花卉	单选题	2	0.5	0.52	0.96
11	选择题9	落叶灌木	单选题	2	0.67	0.48	1.05
12	选择题10	园林植物的作用	单选题	2	0.25	0.32	1.46
13	选择题6	空气对植物的影响	单选题	2	0.25	0.25	1.73
14	选择题13	自然分类法	单选题	2	–0.08	0.02	6.56

说明：变异系数=标准差/均值，变异系数常态在0.2-0.5之间，如大于0.5，提示学生整体对该知识点掌握情况"成绩波动过大"，需认真分析题目的实际情况或学生整体掌握情况。

第五部分：认知分类得分分析

序号	认知分类	题量	百分比	分值	平均分	标准差	难度	区分度	信度	效度	变异系数
1		30	1	100	65.59	11.7	0.66	0.27	0.83	0.26	0.18
2	合计	30	1	100	65.59	11.7	0.66	0.27	0.83	0.26	0.18

第六部分：试题难易度掌握情况分析

序号	难度分类	题量	百分比	分值	平均分	标准差	难度	区分度	信度	效度	变异系数
1		1	0.0333	2	1.95	0.3	0.98	0	0	0	0.15

高校植物景观类课程教学改革研究及实践

序号	难度分类	题量	百分比	分值	平均分	标准差	难度	区分度	信度	效度	变异系数
2	简单	8	0.2667	20	14.93	2.6	0.75	0.24	0.35	0.21	0.17
3	困难	2	0.0667	15	8.89	2.55	0.59	0.36	0.32	0.4	0.29
4	中等	19	0.6333	63	39.82	7.5	0.63	0.27	0.73	0.27	0.19
5	合计	30	1	100	65.59	11.7	0.66	0.27	0.83	0.26	0.18

难易度分类分析报告：

说明：掌握不佳：得分比小于 0.5；掌握良好：得分比在 0.5-0.8；掌握非常理想：得分比大于 0.8

1. 本套试卷共有 8 条难度类型为"简单"的题目（知识点）：占卷面总题量 26.67%，总分值 20，学生平均分 14.93 分，得分比为 0.75。说明对难度类型为"简单"的知识点，学生总体掌握情况：掌握良好

2. 本套试卷共有 2 条难度类型为"困难"的题目（知识点）：占卷面总题量 6.67%，总分值 15，学生平均分 8.89 分，得分比为 0.59。说明对难度类型为"困难"的知识点，学生总体掌握情况：掌握良好

3.本套试卷共有 19 条难度类型为"中等"的题目（知识点）：占卷面总题量 63.33%，总分值 63，学生平均分 39.82 分，得分比为 0.63。说明对难度类型为"中等"的知识点，学生总体掌握情况：掌握良好

第七部分：题型分类得分分析

序号	题型分类	题量	百分比	分值	平均分	标准差	难度	区分度	信度	效度	变异系数
1	单选题	15	0.5	30	20.5	3.6	0.68	0.22	0.4	0.22	0.18
2	简答题	6	0.2	30	14.97	4.93	0.5	0.34	0.75	0.34	0.33
3	填空题	5	0.1667	15	12.52	2.82	0.83	0.32	0.65	0.3	0.22
4	图画题	3	0.1	15	11.52	2.11	0.77	0.2	0.43	0.21	0.18
5	综合题	1	0.0333	10	6.08	1.8	0.61	0.27	0	0.27	0.3
6	合计	30	1	100	65.59	11.7	0.66	0.27	0.83	0.26	0.18

题型分类分析报告：

说明：掌握不佳：得分比小于 0.5；掌握良好：得分比在 0.5-0.8；掌握非常理想：得分比大于 0.8

1.本套试卷共有 15 条题型为"单选题"的题目（知识点）：占卷面总题量 50%，总分值 30，学生平均分 20.5 分，得分比为 0.68。说明对题型为"单选题"的知 识点，学生总体掌握情况：掌握良好

2.本套试卷共有 6 条题型为"简答题"的题目（知识点）：占卷面总题量 20%，总分值 30，学生平均分 14.97 分，得分比为 0.5。说明对题型为"简答题"的知 识点，学生总体掌握情况：掌握良好

3.本套试卷共有 5 道题型为"填空题"的题目（知识点）：占卷面总题量 16.67%，总分值 15，学生平均分 12.52 分，得分比为 0.83。说明对题型为"填空题" 的知识点，学生总体掌握情况：掌握非常理想

4.本套试卷共有 3 条题型为"图画题"的题目（知识点）：占卷面总题量 10%，总分值 15，学生平均分 11.52 分，得分比为 0.77。说明对题型为"图画题"的知 识点，学生总体掌握情况：掌握良好

5.本套试卷共有 1 条题型为"综合题"的题目（知识点）：占卷面总题量 3.33%，总分值 10，学生平均分 6.08 分，得分比为 0.61。说明对题型为"综合题"的 知识点，学生总体掌握情况：掌握良好

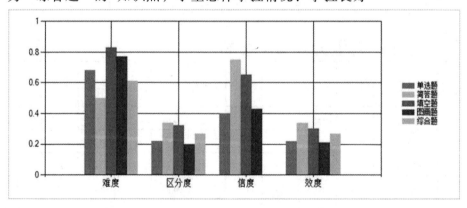